KB267245

너, 어디까지 가봤니? 난,

초판 1쇄 인쇄   2012년 7월 1일
초판 1쇄 발행   2012년 7월 15일

지은이 | 나선영
펴낸이 | 김혜라
디자인 | 박경순 김빛나래

펴낸곳 | 상상미디어
주 소 | 서울 마포구 용강동 117-4 월명빌딩 4층
등 록 | 제312-1998-065
전 화 | 02. 313.6571~2 | 02. 6212.5134
팩 스 | 02. 313.6570
홈페이지 www.상상미디어.com

ISBN 978-89-88738-66-5
값 14,800원

상상미디어는 항상 좋은 책을 만듭니다.
독자 여러분의 의견에 귀 기울이겠습니다.

너, 여기까지 가봤니? 난,

상상미디어

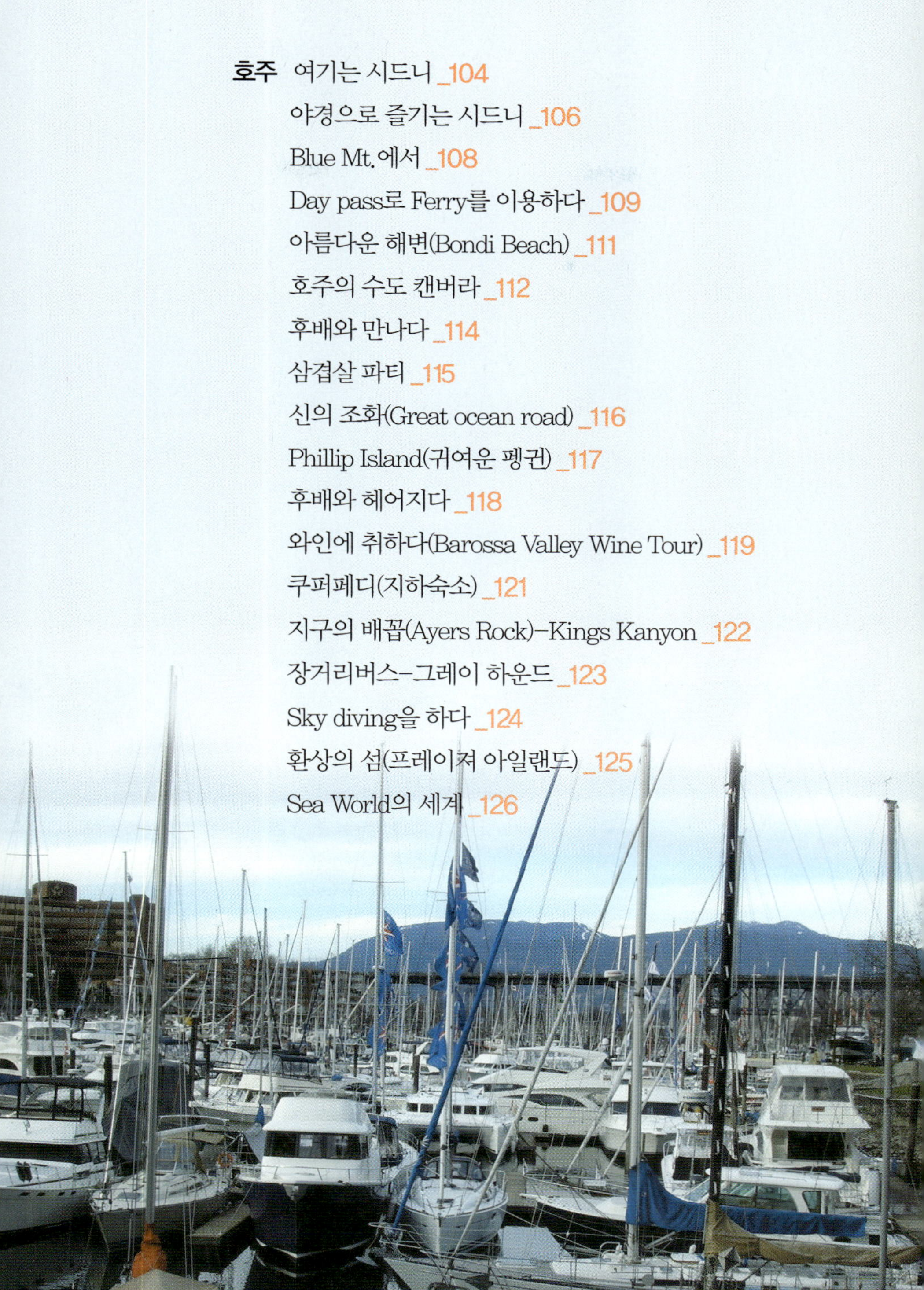

첫 경 험

첫 인상, 첫 만남, 첫 번째 !!!!
누구든지, 무엇을 하든지 '첫' 이라는 설레임의 순간은 있을 것이다.

해외여행의 자유화가 막 시작되었을 때 유럽배낭여행의 붐은 대학생들 사이에서 급속도로 번져가기 시작했다. 방학을 이용해서 유럽배낭여행을 다녀오는 게 하나의 트랜드였을 때가 있었다. 요즘 시대 대학생들은 이해못할 수도 있는 일이지만 말이다.

심지어 일간지에 유럽을 소개하는 글들이 홍수처럼 연재되면서 유럽은 대학생들한테는 필수코스가 되었고 유럽배낭여행 설명회까지 성황을 이루던 시절이었다. 지금이야 유럽여행 아니 해외여행이 흔해졌지만 그 시절만 해도 특별한, 선택받은 사람들만 갈 수 있었다.

나 또한 예외일 수 없었다. 다니던 회사를 그만두고 친구와 난 내 생애 처음으로 해외여행이라는 타이틀을 걸고 그 목표를 향해서 하나하나 계획을 세워나갔다. 무에서 유를 창조한다는 예술인이 대단해 보이는 것처럼 무엇을 준비해야 할 지 막막하기만 했다. 시작 단계인 만큼 정보는 아날로그....
서점과 여행사를 찾아다니고 잡지 등으로 필요한 건 몽땅 스크랩했다.

그야말로 발로 뛰어 다니면서 필요한 것들을 수집하고 메모하고....

14 너, 어디까지 가봤니? 넌,

이미 다녀온 사람을 수소문해서 경험담을 들을 땐 한없는 무아지경에 빠져 들었고, 상상의 나래를 펼치게 했다. 지금처럼 인터넷으로 클릭 한번이면 안방에서 편하게 정보가 홍수처럼 쏟아지지 않았기 때문이다.

전자사전대신 아날로그사전을, 그리고 해외여행 기초 영어회화 책을 장만했다. 영어에 대한 울렁증... 공포였다고 표현하는 게 맞을 것 같다. 6개월 준비기간은 총알처럼 빠르게 지나갔고, 출발의 시간은 점점 다가왔다. 떠나기 전까지 패키지냐 배낭여행이냐를 놓고 고민도 많이 했었다. 나의 결정은 현명했다.

자유배낭여행!!! 그때부터 나의 여행에 대한 열정은 시작되었고, 그 매력에 빠져들게 했다. 바로 17년 전의 나의 첫 경험은 이렇게 시작되었다. 그리고 17년 후 난 이 글을 쓰고 있다.

England
Netherlands
Belgium
Germany
Switzerland
Austria
Italy
France

Part 1
유럽 8개국

영국
네덜란드
벨기에
독일
스위스
오스트리아
이탈리아
프랑스

ENGLAND

웃지못할 해프닝

　태어나 처음으로 해외여행을 떠나던 날. 김포공항에서 비행기에 탑승했다. 난 현금을 운동화 밑창에 숨긴 채 주위를 경계하면서 벗지도 못한채 어정쩡한 표정으로 태연한 척했다. 지금 생각해보면 촌놈티를 팍팍 냈다고 볼 수 있다. 어느덧 영국 히드로 공항에 도착했다. 낯선 간판, 다양한 인종과 피부색, 어지럽게 들리는 영어발음. 일단은 정신부터 차리고 시내로 향했다.

　미련하게 무거운 배낭을 메고 하루종일 돌아다녀서 지칠 때쯤 숙소를 잡으려고 수소문할 때, 모텔급 호텔이 보였다. 문을 열고 들어갔다가 기절하다시피 바로 나왔다. 흑인이 데스크에 앉아 있었던 것이다. 다른 곳을 찾으려고 아무리 애를 써도 이미 늦은시간... 할 수 없이 그냥 들어가기로 결정하고 마음 단단히 먹고 들어갔다.

하얀 치아를 보이면서 웃으며 반기는 흑인 아저씨...

난 방에서 꼼짝도 안했고, 화장실 가기가 무서워서 방안의 샤워실에서 볼 일을 보고 〈세계를간다〉책의 뒷장을 휴지 대용으로 해결했다. 그리고 맥가이버 칼을 꺼내놓고 TV를 크게 틀어 놓은 채 뜬 눈으로 밤을 새웠다.

아침에도 웃으면서 "굿모닝"하며 인사를 해주던 흑인 아저씨... 오버를 해도 한참 오버를 했던 그때의 기억은 평생 여행의 에피소드로 남을 것 같다.

자연의 소중함을 지키는 사람들

80개가 넘는 공원을 보유하고 있는 나라 영국!! 그 중에서 런던의 3대 공원으로 불리는 Green Park, Saint James Park, Hyde Park가 있다.

시민의 휴식 공간이자 자연과의 조화를 중요시하는 영국인의 숨결을 느낄 수 있는 곳이다. 우선 런던에서 가장 오래된 왕립공원 Saint James Park!! 템즈강 쪽으로 가기 위해 버킹엄 궁전과 붙어있는 이 공원은 1000마리의 새와 45여 종의 물새가 서식한다고 하니 규모가 어떤지 상상이 되는가? 버킹엄궁전 맞은 편에 있어서 근위병 교대식을 볼 수도 있다. 다음은 런던에서도 가장 크고 유서 깊은 공원 Green Park!! 날씨 좋은 날엔 비키니를 입고 일광욕을 하

는 모습과 안락의자에 앉아서 책을 읽는 한가로운 모습까지.. 그야말로 삶의 일부분이란 생각이 든다.

　마지막으로 400여 년의 역사를 자랑하는 공원 Hyde Park!! 면적만 160㎡라고 한다. 특별한 날 콘서트나 공연이 열리면 사람들이 많이 몰리기도 하고 서펜타인(Serpentine)호수에서는 연인들끼리 보트를 즐긴다고 한다. 이 세 곳을 다 갔다왔는데 부러워서 죽을 뻔 했다. 자, 우리도 지금부터라도 세계적인 공원을 만들어 보면 어떨까?

20 너, 어디까지 가봤니? 눙,

뮤지컬과의 만남

뮤지컬의 세계에 눈을 뜨다!!!

외국에서 처음 외국 친구를 만났는데, 그 친구의 이름은 Betty였다. 초보 여행자였던 나를 뮤지컬이라는 공연을 처음 접하게 해 준 고마운 친구다. 팜플렛을 주면서 추천을 해 준 작품은 '미스 사이공'. 세계 5대 뮤지컬 중의 하나로 미군과 베트남 환락가 여인의 비극적 사랑이야기를 내용으로 하는 이 작품은 베트남 전쟁을 배경으로 하고 있다. 난 기회를 놓치고 싶지 않아서 뮤지컬의 뮤자도 모르는 상태로 공연장을 기웃거렸다. 좌석은 이미 매진. 난 발코니라는 싼 좌석이라도 구해서 자리를 잡았다.

배우들의 진지한 연기, 춤, 노래, 음악, 스케일이 큰 무대장치는 나를 매료시켰다. 내용 또한 감동이어서 여기저기 눈물바다였고, 공연이 끝난 후에는 기립 박수로 배우들은 갈채를 받았다. 그 때부터 공연사랑은 시작되었고, 매니아라고 할 정도로 닥치는 대로 공연을 보러 다녔다. 일주일에 5번을 보러 갔었을 때도 있었다.

지금은 연락이 안되지만 공연을 알게해 준 Betty랑 같이 미스 사이공을 다시 보고싶다.

NETHERLANDS

국경없는 유럽

　영국과 프랑스를 가르는 영국 해협(Strait of Dover) 도버는 원래 '바다' 또는 '해류'라는 뜻을 가지고 있고, 해협의 너비는 30~40㎞이고 깊이는 35~55m에 달한다고 한다. 네덜란드로 가기 위해서는 도버해협을 건너야 했다. 밤에 내가 탄 버스는 배에 승선하여 함께 도버 해협을 건넜다. 아무런 절차 없이 한 나라에서 다른 나라로 넘어간 것이다.

　그 뿐만이 아니다, 유레일패스는 또 어떠한가?

　유럽의 국가들을 연결해주는 철도를 일정한 범위 내에서 이용할 수 있도록 하는 표같은 것인데, 정말이지 유럽여행의 필수품과 같은 존재다. 나도 유레일패스로 8개국을 다녔지만, 절차도 간소하고 무엇보다 루트를 마음대로 바꿔서 국경을 넘을 수 있다는 게 장점이자 매력이었다.

　유럽공동체라고 하듯이 유럽은 하나였다.

모든 걸 공유하고 공존하고 공생하면서 서로 발전해 가고 있었다. 앞으로 세계는 하나가 될 날이 올 것 같다.

벼룩시장의 생활화

벼룩시장??

우리나라 온라인 광고회사 벼룩시장의 의미와는 조금 다르게 해석될 수 있다. 주말이면 어김없이 벼룩시장이 열린다.

서민들의 생동감 넘치는 활기찬 생활 모습을 볼 수 있는 곳이다. 유럽의 나라마다 조금씩은 차이가 있겠지만 어디를 가더라도 볼 수 있어서 하나의 문화로 자리잡은 셈이다. 가전제품, 주방용품, 골동품, 악세서리 그리고 입었던 흔적이 있는 속옷까지 벼룩만 빼고 필요한건 다 있었다. 그렇다고 호객행위를 하는 것도 아니고, 가격이 비싸지도 않아서 지혜로운 삶을 엿볼 수 있었다. 선진국의 원동력이 바로 이 곳에서부터 나오는 듯 했고,

우리가 배워야 할 좋은 점인 것 같다. 유럽여행의 필수 코스로 자리 잡을 만큼 재미가 쏠쏠한 벼룩시장에서 새 모양의 나무 조각품을 큰 맘 먹고 장만했는데, 가지고 다니기가 많이 불편했었다. 그래서 각종 선물과 필요한 물건은 나중으로 미루기로 했다. 여행의 노하우가 하나씩 생긴 것이다.

언어의 장벽을 넘어서

What? What?

초보 여행자한테는 모든게 낯설고 불편했지만 감수할 수 있었다. 그러나

24 너, 어디까지 가봤니? 넋,

영어 만큼은 아니었다.

유레일패스의 사용기간으로 인해서 네덜란드에서 벨기에로 넘어가는 기차표를 예매하는 과정에서 난 알아 들을 수도 없는 말에 답답한 나머지 그 자리에서 주저 앉고 말았다. 옆에서 지켜본 미국인 친구가 내가 일본사람처럼 보였는지, 일본어로 인사를 하면서 다가왔다.

난 평소에 배워두었던 일본어 실력을 발휘했고, 우리는 영어가 아닌 일본어로 의사소통을 할 수 있었다. 신기했다. 영어에서 잠시나마 해방된 기분이 들었다. 무사히 표는 예매했지만, 정신이 없어서 고맙다는 인사도 제대로 못한 채 헤어졌고, 연락처는 더구나 교환을 못했다. 비록 한국어가 아닌 일본어로 대화를 해서 아쉬웠지만, 배워두면 언젠가는 써먹을 날이 온다는 걸 뼈져리게 느낀 하루였다. 공부합시다 !!!

BELGIUM

내 생일

Happy Birthday!!!

오늘은 내 생일이다. 촛불이 켜져있는 케익도, 맛있는 음식도, 보고 싶은 친구와 가족도 없지만 그다지 외롭거나 쓸쓸하지만은 않았다. 벨기에에서 숙소를 잡고 체크인을 하려는데 어디선가 "선영이 누나"하고 우렁찬 목소리가 들렸다. 영국에서 만났던 한국인이었다.

와우!! 이런 우연이 있을까?

그 많은 숙소 중에서 하필이면… 이건 대단한 우연이었다.

그 친구와의 인연은 이것이 끝이 아님을 예감하듯… 우리는 그랑플라스 광장으로 가서 벨기에의 명물 초콜릿을 맛보았다. 케익 대용으로, 만난 기념으로. 그래도 그 친구 덕분에 생일날 혼자는 아니었다. 둘이라서 행복했다.

GERMANY

Koblanz의 추억

그리운 할머니!!

내겐 그리운 사람이 있다. 독일의 작은 마을 Koblanz에 사신다. 늦은 저녁 숙소를 찾으려고 버스에서 내렸다. 불량한 흑인이 따라내렸다. 나를 보고 손짓을 했다. 무서웠다. 인적이 없는 곳에 때마침 구세주인 할머니가 나타나셨다. 택시를 타고 우리는 함께 숙소로 찾아갔다. 그 길은 꼬불꼬불했다. 언덕위의 성은 지금의 Y.H로 바뀐것이다.

　내가 안전하게 들어가는걸 보고는 할머니는 사라지셨다.

　타고 온 택시를 타고 말이다. 전화번호만 적어준 채로... 다음날 통화가 안되었다. 그 다음날도, 그 다음날도... 고맙다는 말을 전하고 싶은데……. 세월이 지날수록 내겐 마음 속에서 그리운 사람이 많아진다.

인연의 끝

　우리의 인연은 다시 이어졌다. 이번엔 우연이 아닌 필연이었다. 할머니께서 찾아주신 숙소에서 만나기로 했던 것이다. 그 친구도 저녁에 오느라 무섭고 힘들었다고 했다. 난 또다시 할머니가 생각나서 통화를 시도했다.

　역시 목소리를 들을 수가 없었다. 우리는 유람선을 탔다.

　'로렐라이 언덕'의 선율에 맞춰 음악이 흘러 나왔다. 유유히 흐르는 라인강을 바라보면서 그 친구는 맥주를, 난 커피를 마셨다. 우리는 서로 다른 향기에 취했고, 라인강에 취했다. Beingen을 거쳐서 Mainz에 닿았다. 그냥 이대로 멈추지 말고 계속 가면 어디까지 갈까? 때론 흐르는 시간을 멈추게 하고 싶을 때가 있다.

　이 순간을 영원히…….

28 너, 어디까지 가봤니? 난,

BMW 박물관을 가다

  그 곳에 가면 세계적인 명차, BMW의 변천사를 한 눈에 볼 수 있다.

  독일을 대표하는 회사 답게 건물부터 내부의 최첨단 과학 시스템이 방문객들을 압도한다. 각종 시뮬레이션 게임을 비롯해서 영상 화면과 실제 모형을 한 눈에 볼 수 있어서 세계적 명차의 면목을 톡톡히 보여주고 있다.

  누구나 독일을 가면 꼭 가봐야 하는 곳으로 이 곳을 꼽을 만큼 현대사회에서는 자동차를 빼놓고는 얘기할 수 없을 뿐더러, 미래의 경제적 부가가치는 어마어마하다.

  익히 명성은 알고 있었지만, 막상 눈 앞에서 확인을 하니 우주에 온 것처럼 다양한 차들의 행렬이 이어졌다.

  나도 방문한 기념으로 자동차 모형 세트를 구입했다.

  모형이 아닌 실제로 BMW를 타고 아우토반을 달릴 날을 꿈꿔 본다.

  부릉... 부릉...

Let it be

하루에 두 번 인형은 춤을 춘다....

Marinplatz광장에 가면 오전 11시와 오후 5시에 사람들은
벌떼처럼 몰려든다. 그 이유는 바로 시간을 알리는 춤을
추기 때문이었다. 나도 그 벌떼들의 무리 속에서 재미있
는 장면을 보겠다고 뚫어지게 쳐다보고 있었다. 어느 새
관광객들의 얼굴에선 환한 미소가 번지고 있었다. 기다
리는 시간도 잠시, 짧은 시간이 지나갔고, 관광객들은 다
시 벌떼들처럼 우르르 어디론가 사라졌다.

어디에서 들려오는 낯익은 음악소리, El condor pasa의 연주 소리였다.
연이어 젊은이들은 현지인, 관광객 할것없이 Beatles의 Let it be를 다 함께
부르기 시작했다. 내가 아는 팝송가사 중에서 유일하게 끝까지 부를 수 있는
곡이어서 나도 목이 터져라고 불러댔
다. 어깨동무도 하면서 음악은 우리들
을 하나로 만들어 주었다.

let it be~ let it be~ let it be~ let it
be ~~~Whisper words of wisdom
~ let it be ~~

베를린 장벽을 넘어서

우리의 소원은 통일 꿈에도 소원은 통일...

　1989년 11월 9일, 베를린 장벽은 붕괴되었다. 평화 통일을 달성한 역사적인 순간이었다. 밤 기차를 타고 달려서 아침 6시45분에 도착한 베를린 역은 첫 인상 부터 스산했고, 바람이 불어서 몹시 추운데다가 음산하기까지 했다. 우리나라 대기업의 간판은 자랑스럽게 제일 큰 사이즈로 걸려있었다. 모처럼 자부심을 느끼면서 뿌듯했다. 길이 164km, 높이 4m, 두께 16cm의 콘크리트 벽인 베를린 장벽은 길었고, 어지럽게 그려진 그림과 낙서는 시대상을 반영하는 듯했다. 그 속에서 한국인들의 통일의 염원을 담은 메시지가 한 모퉁이에서 내 눈에 들어왔다. 우리에게는 휴전선 철책이 날카롭게 서로를 찌를듯이 버티고 있고 언젠가는 부러질 날이 다가오지 않을까? 가을의 베를린은 바람과 함께 열차의 뒷편으로 사라지고 있었다. 돌아오는 길은 마음이 무겁기도 하고 가볍기도 했다.

SWITZERLAND

융프라우를 가다

스위스하면 동화같은 상상을 하게 된다. 마치 알프스 소녀가 된 것 처럼…….

눈덮인 설산, 그림같은 집, 한가로이 풀을 뜯고 있는 목장의 모습... 그리고 요들송... 스위스로 들어올 때 난 이런 것들을 상상하면서 왔다. 유럽 다른 나라들의 비슷한 분위기에 식상할 때 쯤이었다.

올라갈 때.. 인터라켄 오스트 역-그린델 발트-클라이네 샤이 덱-융프라우 내려갈때.. 융프라우-클라이네 샤이덱-라우터 브룬넨-인터라켄 오스트역까지 3번을 갈아탄다.

일본인들이 건설했다고 해서 일본인들은 입장료를 할인해 준다고 하는데 입장료가 워낙 고가이다 보니까 배가 좀 아프긴했다. 가는 내내 여기저기 탄성은 쏟아지고, 카메라 셔터는 마구 눌러졌다. 드디어 정상.

날씨는 눈보라에 바람까지 세차게 불어서 앞을 볼 수 없을 정도였다. 추운 몸을 녹이려고 컵라면에 물을 붓고 기다리는 기분은 묘했다. 그 맛은 둘이 먹

다 하나가 죽어도 모를 정도로 잊을 수가 없을 것이다.

난 그렇게 융프라우를 눈으로 접수하고 돌아왔다. 아니 내 마음 속에 영원히 남겨두고 가끔 꺼내 볼 것이다.

AUSTRIA

모짜르트를 만나다

Wolfgang Amadeus Mozart(1756-1791)는 오스트리아가 낳은 대표적인 천재 음악가다. 클래식의 문외한이라도 학교 다닐 때 음악시간에는 빠짐없이 나오는 인물이어서 누구나 기억하지 않을까 싶다. 영화 사운드 오브 뮤직의 배경이 되었던 짤쯔브르크는 그가 태어난 곳이다.

그 곳에 그의 생가가 있어서 찾아가 보았다. 음악의 신동 모짜르트가 태어난 집은 게트라이데 거리 9번지에 위치해 있는데, 한 눈에도 알아볼 수 있게 노란색으로 되어 있을 뿐더러 관광객이 몰려 있어서 찾는데 어려움은 없었다. 그 거리는 각종 아기자기한 간판과 상점들로 내 눈을 즐겁게 해주었다.

여기까지 왔는데 생가 안으로 안들어가 볼 수 없겠지? 소박하면서 가지런한 소품들, 옷, 책상, 악보들... 몇 백년전에 이 곳에서 그 아름다운 선율을 만들었다니...

시대를 초월한 인물 임에 틀림없다. 마치 살아있는 듯 그가 내 앞에 나타나서

피아노 연주를 해주는 듯 귓가에 맴도는 알 수 없는 클래식 멜로디는 무엇일까?? 잘짜하 강은 대답없이 고요히 흐르고 있다.

요즘 한국에서는 모짜르트의 일대기를 뮤지컬로 공연을 하고 있다. 모짜르트를 사랑하시는 분들은 꼭 가보시기를 추천한다.

물론 전 당연히 봤죠!

부끄러운 소식

평소에는 못느끼지만, 외국에 나오면 모두가 애국자가 된다. 태극기만 봐도 가슴이 뭉클해지고 한국말만 들어도 반가워진다. 그러나 난 이번처럼 부끄러웠을 때도 없었다. 한국에서 갑자기 날아온 사고 소식 때문이었다.

1994년 10월 21일 한강의 성수대교 붕괴, 연이어서 10월 25일 충북 충주호 유람선 화재...어찌 이런 일이... 일어나서는 안될 일이 일어나고 말았다.

36 너, 어디까지 가봤니? 낳,

한인 민박을 했었던 때라서 소식
은 빠르게 접했고, 빠르게 퍼졌다.
난 가족과 친구들의 안부가 걱정이
되기 시작했다. 불안했다. 이웃집
사람들은 손가락질을 하면서 이해
할 수 없다는 표정으로 알아들을 수
없는 말을 마구 해댔다. 그들의 입
장에서는 납득이 안될거라 생각했
다. 나도 똑같은 심정이었으니까…

백 년, 이백 년을 내다보고 설계하
고 건설하는 외국의 사례를 보면 부
럽기도 하고 본받아야 할 가치가 충
분히 있을 것이다.

빈 숲에서

지금도 기억하고 있어요… 시월의 마지막 밤을… 누구에게나 기억하고 있
는 음악이나 노래가 있을 것이다. 나한테도 시월이면 생각나게 하는 노래가
있는데, 바로 이용의 '잊혀진 계절' 이다. 아마 시월의 마지막 날이면 라디오
에서는 어김없이 이 노래가 어김없이 흘러 나올 것이다.

한가한 오후 노란 낙엽은 발아래 하나 둘씩 떨어지고, 햇살은 따사롭게 나뭇잎 사이로 비추고, 풀내음의 향기를 맡을 수 있는 빈 숲을 걷고 있었다.

여행에서 지친 몸과 마음이 깨끗하게 씻기는 듯, 빈 숲에서의 시간은 재충전의 휴식처가 되었다. 난 아무도 없는 그 곳에서 큰 소리로 노래를 불렀다. 온몸에 소름이 끼치듯 전율이 맴돌았고, 끝까지 불렀다. 언제나 돌아오는 계절, 가을, 시월은 나한테는 잊혀지지 않는 계절이지만, 아이러니하게도 노래 제목은 '잊혀진 계절' 이다.

38 너, 어디까지 가봤니? 넋,

ITALY

베네치아에서 곤돌라를 타다

'물의 도시'라 불리는 Venezia... 영어로는 베니스(Venice)라고 하는 운하의 도시... 바람을 가르며 연인과 함께 타는 곤돌라는 낭만적일 것이다.

골목 골목 좁아서 차로는 이동하기 힘들어서 교통수단으로 곤돌라가 중요한 역할을 하고 있었고, 산마르코 광장을 찾아가는 길조차도 화살표를 따라서 가야만 길을 잃지 않을 정도로 좁고 복잡하다.

비둘기의 천국처럼 산마르코 광장에는 모이를 주는 사람과 비둘기가 한데

어우러져서 장관을 이루고 있다. 베네치아에서 바라본 곤돌라의 모습은 한 폭의 그림 같았고, 카메라를 대면 바로 작품이 되었다. 가면과 가죽제품으로 유명해서인지 거리의 상점은 온통 가면의 물결, 희귀하고 멋있는 가면을 보고 뮤지컬 '오페라의 유령'이 생각났다. 어떤 이는 가면을 쓰고 곤돌라를 타기도 했다. 나도 곤돌라를 탔다. 영화의 주인공처럼 폼은 잡았지만... 옆으로 지나가는 사랑스런 연인의 모습이 더 아름다워 보였다.

　혼자는 뭘해도 외로워 보인다. 사랑하는 사람과 함께 타세요... 꼭 !!

40 너, 어디까지 가봤니? 넌,

로마의 밤

　모든 길은 로마로 통한다? 로마에 가면 로마법을 따라야 한다? 모두 로마 속담에 나오는 말이지만 언제, 어디서부터 누가 시작했는지는 모르겠다. Termini역에 도착한 시간은 늦은 밤, 역을 빠져 나가는데는 어려움이 많았다. 집시들이 몰려와서 가방을 뺏으려고 하고, 돈을 달라고 하는 바람에 한바탕 곤혹을 치르고서야 밖으로 나올 수 있었다.

　무사히 빠져는 나왔지만 어디로 가야할지 막막할 때 쯤, 누군가가 알려준 민박집 전화번호가 생각이 나서 전화를 걸고 있는데, 뒤에서 누군가가 가방을 뒤지려고 했다. 바로 집시들의 소행이었다. 난 경찰한테 도움을 요청했고, 다행히 조금 떨어진 곳에는 한국말로 보이는 여행사 간판이 보였다. 무작정 들어가고 볼 일이었다. 친절한 직원은 목사님이 운영하는 민박집을 알선해 주었고, 목사님은 따뜻하게 반겨 주셨다.
　따뜻한 밥과 김치를 먹을 수 있어서 행복했다. 덤으로 이탈리아의 역사와 유적을 지도를 보고 설명해 주셨다. 감히 내가 속담을 하나 더 만들자면, "로마에 가면 집시를 조심하라"이다.

도시 전체가 유적, 유물

로마 제국의 유적과 유물에 심취해 보실래요??

　바티칸 시국에서 관장하고 있는 성베드로 성당과 세계 3대 박물관으로 꼽히는 바티칸 박물관에 가면 천지창조, 최후의 심판을 볼 수 있다.
　아침 일찍 가지않으면 많은 인파에 제대로 보지도 못하고 시간만 허비하게 된다. 베네치아 광장, 라보라 광장, 판티옴을 거쳐서 도착한 곳은 트레비 분수… '삼거리' 라는 뜻을 가지고 있는 트레비 분수는 옛날부터 뒤로 동전을 던지면 로마에 다시 온다는 이야기가 있다고 해서 나도 던져 보았다. 그리고는 스페인 광장으로 발길을 옮겼다. 강렬한 햇살을 피해서 계단에 앉아 아이스크림을 먹으면서 잠시 오드리 햅번이 된 듯 상상을 해본다. 착각은 자유니까…….
　로마 황제의 박해를 받던 초기 그리스도교인들의 지하 무덤 카타콤베, 45개의 지하 공동묘지 카타콤베, 크고 작은 25곳의 카타콤베들이 자리를 잡고 있다고 한다.

　이처럼 로마는 도시 전체가 문화유산이라고 해도 과언이 아닐 정도로 눈을 돌리는 곳 마다 유적과 유물을 볼 수 있다. 다만 역사 공부를 하고 와야 더 많은것을 보고 얻어 갈 수 있다, 그 어느 나라보다 더 많이….

피렌체-냉정과 열정사이를 읽고

냉정과 열정사이.. 피렌체의 두오모 성당이 배경이 된 소설

세상의 모든 연인들을 위한 세기의 러브스토리라고 할 만큼 많은 사랑을 받은 책이다. 아쉽게도 피렌체를 다녀온 후에 이 책이 출간되었다. 두오모 성당 전망대를 가려면 많은 계단을 거쳐야 하지만, 막상 올라가보면 종탑에서 내려다 보이는 도시 전체가 빨간색 지붕으로 덮인 모습에서 준세이와 아오이 두 주인공들 만큼이나 열정을 느낄 수 있을 것이다. 두 남녀 작가 츠지 히토나리와 에쿠니 가오리가 2년 여에 걸쳐 실제로 연애하는 마음으로 써 내려 간 이 소설은 배경 만큼이나 내용도 두 남녀의 내면을 부드러운 필체로

써내려 간 소설이다.

　보편적으로는 책이나 영화를 보고 배경이 된 장소를 가게 되지만, 난 그 반대로 장소를 갔다온 후에야 소설을 만나게 되었다. 나름대로 색다른 느낌이기도 하지만 무엇보다도 책을 읽는 내내 피렌체의 두오모 성당이 생각나서 오히려 좋은 것 같기도 했다.

　냉정과 열정 사이에는 무엇이 존재할까??

44 너, 어디까지 가봤니? 난,

FRANCE

모나코에서 마신 에스프레소

모나코는 니스로 가기 위해서 잠시 거쳐가는 곳이었다. 밤기차를 타고 내린 모나코는 이른 아침이었다. 기차 안에서 만난 일본인 친구와 같이 내렸다. 비는 세차게 땅이 갈라 질듯이 내리 꽂았고, 추위는 내 몸속으로 파고 들어왔다.

우리는 바다가 보이는 카페에 앉아서 에스프레소를 주문했다. 작은 컵에 담긴 진한 커피향, 맛 또한 진했다. 난 커피 한 모금에 물 한 모금을 마셨다.

그 친구는 에스프레소를 좋아했다. 나도 좋아지게 될까?? 우리는 한동안 말 없이 바다만 바라 보았다. 추위도 잊은 채 배고픔도 잊은 채…너무나 아름다운 모나코의 경관에 넋을 잃고 있었다. 잠깐 머물렀던 모나코처럼 그 친구 하고도 아주 잠깐의 시간이었다. 연락처는 알려줬는데 어쩌다가 잃어 버렸다.

지금 그 친구는 무엇을 하고 있을까??

니스에서 파리까지

　프랑스의 초고속 열차(T.G.V)는 최고속도가 250~300km/h라고 한다. 일본에도 신칸센이라는 고속철도가 있는데, 최고속도는 240~275Km/h이다. 독일의 이체의 최고속도는 250~280km/h인데 350km/h까지 가능하도록 설계되어 있다고 한다.

　요즘 우리나라에도 고속열차 KTX가 있어서 낯설지 않지만 그 시절만 해도 굉장히 먼 나라 이야기로만 생각했었다. 안락한 의자, 넓은 실내공간, 고속열차 답지 않게 흔들림 없는 승차감은 나를 놀라게 했고, 부럽게 했다. 이것을 보고 경쟁력이자 기술력의 결과라고 하겠지?? 마냥 신기하기만 했다.

　창밖은 빠르게 움직이는 열차 사이로 프랑스의 전원 풍경이 펼쳐지고, 장거리도 눈깜짝 할 사이에 주파를 하니 그 넓은 땅덩어리라도 그야말로 일일 생활권이라고 할 수 있다. 거의 10년 이상을 앞서가는 셈이었다.

　유럽은 이래서 여행자들한테는 불편함을 못느끼는 여행지인 것 같다. T.G.V로 5시간이 걸리지만 야간열차로는 11시간이 걸린다고 하니 덕분에 니스에서 파리까지 순식간에 달려갈 수 있었다.

공짜로 여행하다

마지막 나라, 마지막 도시, 프랑스 파리... 그 동안 많이 지친 상태여서 편안한 호텔을 얻었다. 한국인이 운영하는 곳이었다. 다음날 한국에서 출장오신 분들이 차를 대여해서 1일 관광을 하시는데, 자리가 남는다고 덤으로 끼워주셨다. 가이드까지 고용했다.

파리의 상징 에펠탑에서부터 개선문을 거쳐 샹제리아거리에서는 맥라이언이 영화촬영을 하고 있는 모습도 운좋게 포착이 되었다. 바리케이트로 통제를 하는 바람에 잘 보이지는 않았지만……. 우리 일행은 몽마르뜨 언덕으로 올라갔다. 무명화가의 작품이지만 내 눈에는 근사하고 멋있어 보였다. 한 분이 그림을 선물로 주셔서 감사히 받았다. 난 왜이리 복도 많은거야!!!

운이 좋은걸까?? 아무튼 마지막 여행지에서 추억을 많이 만드는 중이다.

아참!!!

영국, 벨기에, 독일에서 만난 한국인을 또다시 파리의 에펠탑에서 우연히 만났다. 우리의 인연은 참으로 질겼다.

Tianjin
Beijing
Great wall of China
Beijing Opera

Part 2
중국

CHINA

인천에서 천진까지

뭔가 특별한걸 원해...

중국은 비행기로 2시간이면 충분히 쉽게 갈 수 있지만, 낭만적일 것 같다는 생각과 조금은 특이한 여행을 즐기고 싶어 배를 이용하기로 했다. 기적소리를 뒤로하고 인천을 떠났다. 선상에서의 시원한 바람과 푸른 파도소리, 여기저기 흩어져있는 섬들은 내 마음을 사로잡기에 최상의 조건이었다.

자유로운 분위기에서 노을을 보기위해 사람들이 모여 들었다. 일본인, 중국인, 미국인 또는 외국인... 다른 언어, 다른 외모를 가지고 있었지만 우리는 간격을 좁히면서 친해질 수 있었고, 망망대해에서 혼자라고 느끼지 못할 만큼 대화는 흥미진진했다.

내부는 나름대로 시설이 잘되어 있었고, 식당, 노래방, 오락실 등등 불편한 걸 못느꼈다. 그러나 배멀미를 하는 바람에 컨디션 난조를 보였고, 식사도 입맛에 맞질 않았다.

여행은 때론 예기치 않는 일로 당황하게 만들기도 한다. 어느덧 텐진 항에 도착, 3시간을 버스로 더 들어가야 목적지인 북경에 갈 수 있었다. 긴장을 풀기 위해서 맥주 한 잔으로 하루를 마무리 했다.

여러분이 진짜로 원하는 여행은 무엇입니까??

북경의 모습

중국의 역사를 말하다...

영화 '마지막 황제'의 배경인 자금성은 세계문화유산으로 등재되어 있다. 북경시의 중심에 위치한 명 · 청대의 황궁으로, 전체 면적은 72만㎡이며, 총 9999개의 방이 있는 세계에서 가장 큰 고대 궁전 건축물이다. 직접 눈으로 확인해야만 실감할 수 있는 곳이다. 중국 민주화의 상징, 천안문 광장은 중국사람들의 드넓은 기개를 대표하는 명소다. 천안문 사태로 잘 알려진 이 곳은 백만 명을 수용할 수 있어서 세계에서 가장 큰 광장 중의 하나로 꼽힌다. 천안문 광장을 중심으로 동서남북으로 중요한 건축물이 들어서 있다. 중앙에 서 있으면 그때의 함성이 들리는 듯 귓가에 맴돌았다.

서태후의 여름 별장인 이화원은 인공호수인 곤명호와 곤명호를 팔 때 나온 흙을 쌓아 만든 인공산 만수산이 있다. 인공호수라고 하기에는 너무 넓어서 규모를 가늠 할 수 없을 정도였다. 북경 최대 규모의 라마교 사원인 용화궁을 비롯해서, 황실정원이었던 경산공원과 북해공원도 잠시 쉬었다 가기에는 좋은 필수 코스다. 한 곳을 둘러보는데만 2~3시간을 보내야 하니 말이다.

잠시 유람선을 타면서 풍류를 즐겨봄이 어떨는지...

그 나라의 역사를 알고 보면 두 배의 즐거움이 있지만, 모르고 보면 나중에 아무것도 기억나는게 없음을 경험한 적이 한 번쯤은 있을것이다. 알고 보는 것과 모르고 보는 것, 아는 만큼 보이는 건 맞는 말이다...

여행자의 필수조건 중에 한 가지, 공부합시다...

만리장성의 위대함

신의 조화 !!

중국을 대표하는 유네스코 지정 세계문화 유산인 만리장성은 세계 7대 건축물, 8대 불가사의로 꼽히는 세계적인 유적지이다. 또한 만리장성을 짓다가 죽은 사람을 빗대서 "세계에서 가장 긴 무덤" 이란 별명을 가지고 있는 곳이다.

춘추전국시대에 지어지기 시작한 장성은 2000여 년의 역사를 지니고 있으며, 그 길이가 5천만m에 이른다고 하니 감탄이 절로 나온다. 그 어떤 수식어로도 표현할 수 없고, 그 어떤 말로도 대신 할 수 없고, 그저 입이 쩍 벌어지게 만드는 곳이다. 그 시작지점 에서는 끝을 볼 수 없고, 거대한 산맥과도 같은 인간이 만들어 낸 것 같지 않은 조물주의 조화 같았다.

만리장성 앞에서는 신과 인간사이에 어떤 신비로움이 존재 한다는 걸 느낄수 있고, 인간의 나약함과 한없이 작음을 소름끼치도록 느낄 수 있다.

난 만리장성에서 맹세했다.

더 강해지고, 더 정직하고, 더 솔직하고, 더 노력하고, 더 사랑하겠다고…

북경대학에서

　중국 최고의 엘리트들의 산실...

　중국에서 순위 1위의 학부이자 세계적인 일류 대학이 북경대학이다. 학생들의 얼굴 표정에서 학구열과 열정을 읽을 수 있었고, 시설 또한 최고라고 자부할 만큼 훌륭했다. 중앙 도서관 외에도 각 학과별로 도서관이 있어서, 어디서나 공부할 수 있는 분위기가 마련되어 있었다.

　내가 갔을때는 호수에 연꽃이 아름드리 피어 있었고, 비가 추적추적 내리는 북경대학은 차분함마저 느껴졌었다. 외국인 뿐만 아니라 중국인들 사이에서도 자랑으로 여기기 때문에 투어를 하고 정문 앞에서 꼭 사진 촬영을 한다고 하니, 자부심은 대단하다고 할 수 있겠다. 수업 방식도 자유로운 토론 위주의 교육이라고 하니, 참으로 일류라고 부를만 하다.

　우리의 모습은 어떠한가??

　입시위주의 교육에서 아직도 벗어나지 못하는 현실을 다시 한 번 생각하게 하는 시간이었다. 중국의 미래를 생각하게 하는 계기가 됐다.

　더불어 우리의 미래는??

낙후된 시스템과 발전가능성

　10년전 중국의 모습을 떠올리면서...

　얼마전에 북경 올림픽도 치렀고 해서 많은 발전을 했을지 모르지만, 내가 방문했을 때만 해도 거리는 지저분하고, 교통은 혼잡했으며, 건물은 낡고 오래된 것들로 우리나라의 60년대를 연상하면 될 듯한 풍경이었고, 자동차 보다는 자전거가 더 많아 보였던 시대로 기억한다. 화장실을 예로 들어보면, 화장지도 없을 뿐더러 옆 사람이 보일 정도로 좁은 칸막이로만 되어있고 볼 일을 보면 바가지로 물을 부어야 했던 재래식 수준이었다. 관광지를 가면, 외국인과 현지인의 입장료가 달랐다. 거의 몇 배의 수준이었는데, 처음엔 몰라서 줄을 잘못 섰다가 벌금을 물은 적도 있었다. 그래서 그들은 발전할 수 있는 기회들이 무궁무진 했었다. 건축, 자동차, 각종 비즈니스, 무역 등등...

그 때 당시 중국에 투자했던 사람들은 성공했을 확률이 높았을 것이다. 어디를 가든 메이드 인 차이나가 판을 쳤기 때문이다. 이제 중국은 거대해졌고, 예전의 낙후된 모습은 사라져가고, 앞으로도 발전가능성은 충분히 있다고 생각된다. 아직도 많은 사람들이 중국으로 몰려가는 걸 보면 알 수 있듯이...

음식문화의 차이

음식은 그 나라를 대표하는 것 중의 하나다. 프랑스요리, 이태리요리, 중국요리 등등 세계에서도 알아주는 요리가 있다. 문화를 대표하는 만큼 요리에는 많은 것들이 담겨 있기도 하다. 하지만 특이한 향신료나 재료로 만든 음식은 가끔 비위를 거슬리는 경우가 있다. 그래서 여행자들의 입맛을 버리게 하는 경우, 패스트 푸드가 고마울 때가 있다. 그렇지 않는 경우도 많지만 여행의 즐거움을 맛집 찾아다니는 묘미로 다니는 식도락가들도 요즘엔 많이 늘어났기 때문이다.

유서깊은 레스토랑, 장인정신으로 이어온 음식은 그 자체만으로 감동을 줄때도 있다.

중국에서는 맛에서 실패했다. 거리 음식도 그랬고, 유명하다는 호텔 음식도 그랬다. 향신료는 나를 자극했고, 기름이 잔뜩 들어가서 비위에 거슬렸다.

분명히 전통 요리고 서민들이 즐겨찾는 음식인데도 말이다. 적응하기까지는 시간이 걸릴것 같았다. 굶을 수는 없고 할 수 없이 촌스럽게 한국 음식을 찾았다.

역시 우리 몸에는 우리 것이 안성맞춤...그 동안 니글니글했던 속을 된장찌개와 비빔밥으로 달래며 허기진 배를 채우기 바빴다. 다른나라 사람들도 우리나라의 음식 맛을 이해 못할 수도 있겠지??

음식 맛의 차이는 문화의 차이에서 올 수 있다. 문화를 좀 더 이해하고 받아들인다면, 음식은 저절로 흡수되지 않을까 싶다.

재미있는 경극

경극(京劇)을 보신적이 있나요??

　영화 '패왕별희'에서 장국영의 모습을 떠올리는 사람들이 많을 것이다. 중국의 희극 중 하나로 북경을 중심으로 육성된 연극으로서 중국인이 가장 좋아하는 창극예술이라고 하는데, 노래와 춤과 연극이 혼합되어 있는 중국의 전통극이자 종합예술이라고 할 수 있다. 서양에서는 'Beijing opera' 또는 'Chinese opera'라고도 불린다고 한다. 화장의 색깔에 따라서 그 배우의 성격을 나타낸다고 하며, 화려한 의상 또한 볼만하다. 비록 중국어는 알아 들을 수 없었지만, 전통 악기의 신비한 사운드와 입에서 나오는 특이한 소리를 듣는 것만으로도 색다른 경험을 하게 된다.

　계획도 없이 호기심에 접하게 된 경극은 중국을 이해하는데 조금이나마 도움이 됐던 소중한 시간이었다. 중국을 방문하는 분들한테 꼭 권하고 싶은 경극. 기회를 놓치지 마세요.

　재미있답니다!

미래의 중국을 생각하며

중국 (中國), China!! 이름만 들어도 거대함이 느껴지는 나라.

세계 3위의 광할한 영토 대국, 13억 인구의 값싼 노동력, 그리고 풍부한 천연자원과 관광자원까지... 중국은 이미 독보적인 경제 성장률을 보이고 있다. 10년 전에 비해서 중국이 개혁개방 정책을 펼친 이래로 시장 경제 원리에 힘입어 경쟁력을 얻었다고 볼 수 있다. 값싼 노동력으로 어느 나라에서도 중국 제품을 볼 수 있을 정도로 중국은 어느새 우리들 생활 깊숙이 파고 들었다.

달러 외환 보유고 세계 1위, 금 보유고 세계 1위를 자랑하고 있는 중국은 미국과 유럽연합에 비교해서도 차이가 없을 정도로 고속 성장을 이루었다. 〈Wall street〉라는 책을 보면 중국의 성장 과정과 미래까지도 자세히 알 수 있다. 중국은 우리의 미래인 것이다.

중국의 미래를 알아야 우리의 미래도 보인다는 말이다. 이제는 미국과 더불어 중국을 빼놓고는 경제를 논하기 힘들어졌다.

내가 여행했을 당시만 해도 몰랐다. 누가 알았을까?

이렇게 중국이 변하게 될 줄을……

Hakata
Betbu
Kyushu
Tokyo
Yokohama

Part 3
일본

영등포역에서 부산역까지
부산에서 하카다항까지
벳부야경
일본인과 친절
자판기 천국
가깝고도 먼나라, 일본

영등포역에서 부산역까지

10시 24분 출발.

부산에서 일본으로 넘어가는 배편을 이용하기 위해서, 영등포역에서 부산역으로 가는 기차에 몸을 실었다. 5시간은 여행의 연장선상에 있는 자투리 시간이어서 잘 활용만하면 값지게 보낼 수 있다. 오랜만에 기차 여행의 진수를 맛보는 시간으로 말이다.

책도 보고, 글도 써보고, 차창 밖으로 비추는 햇살을 보면서 한없이 누구를 그리워도 해보고, 삶은 계란과 사이다로 옛 추억을 더듬어도 보면서 혼자만의 여유를 느껴보는 시간을 만들어 보자.

옆자리의 다정한 연인의 모습, 단란한 가족들을 보면서, 혼자라는 이유로 지독한 외로움과 싸워도 보면, 어느새 성숙한 나를 발견하게 될지도 모른다.

여행은 또 다른 나를 찾기 위해서 떠나는 모험이 아닐까? 그래서 혼자가 더 스릴있는 지도 모른다. 둘이어도 외로울 때가 있고, 혼자라도 외롭지 않을 때가 있다. 그래서 5시간이 지루하지 않았다.

혼자 가는 길이라도…….

부산항에서 하카다항까지

이번에도 일본으로 가는 길은 특이했다.

하늘이 아닌 바다를 가르면서 부산항을 출발했다. 예전에 인천에서 텐진 항으로 들어갔을 때의 추억 속으로 잠시 빠져본다. 배에서 하룻밤을 자고 아침에 하카다 항에 도착하는 코스였다. 선상에서 서로 다른 국적의 사람들과 다양한 삶을 살고 있는 사람들과 살아가는 진솔한 얘기를 나누면서 상쾌한 바람에 몸을 맡기면, 나도 모르게 행복해지고 있다는 걸 느낀다. 기적 소리는 멀어지고, 세차게 파도의 물살을 가르면서 힘차게 내딛는 배 위에서는 가슴속 밑바닥에서부터 무언가 끓어오르는 뜨거움을 느끼게 된다.

어디를 가느냐도 중요하지만, 누구와 같이 가느냐도 더 중요한 것처럼, 어떻게 가느냐도 매우 중요한 부분이다.

배위에서는 또 다른 낭만이 있고,

또 다른 볼거리가 있고,

또 다른 설레임이 있고,

또 다른 여행의 묘미를 맛볼 수가 있다. 그래서 사람들은 크루즈 여행에 대한 환상을 많이 갖고 있는 것 같다. 사랑의 유람선을 상상하면서...

노천탕에서 벳부 야경을 보다

하루의 피로를 푸는 데는 온천 만한 곳이 없다.

벳부 지역에는 8개의 온천이 있는데, '지옥'이라 불리는 끓는 온천은 온천수와 함께 진흙까지도 하늘 높이 뿜어올리고 있다.

입구에 들어서면서부터 유황의 냄새는 코를 자극했고, 온 동네를 휘감고 있었고, 유황온천에서 삶은 계란은 맛이 더 진하고 고소했다. 온천휴양지로 알려져있는 이 곳은 울창한 숲과 푸른 자연을 볼 수 있었는데, 이들의 자연사랑과 미래를 볼 줄 아는 계획성 있는 목표가 부러웠다.

호텔에서는 여름기모노(유까다)를 입고, 화식(火食)을 개인별로 차려놓고 일렬로 가지런하게 테이블을 정리해 놓은 모양은 자로 잰듯한 장관을 연출했다. 젊은 사람들이 아닌 어머니뻘 되시는 분들이 정성을 다해서 음식을 챙겨주시는 모습은 마치 편안한 안방에서 식사를 하는 듯 착각할 정도였다. 모든 일정을 마치고 벳부의 야경이 한 눈에 내려다 보이는 노천탕으로 가서 하늘의 수많은 별들을 바라보면서 마음의 평온을 느껴본다.

짧지만 알차고 재충전의 시간을 갖고 싶은 분들이나 몸의 피로를 한 방에 날려버리고 싶으신 분들은 벳부온천의 매력에 빠져보면 어떨까? 아니면 가까운 수안보라도…….

일본인과 친절

친절, 아무리 해도 지나치지 않다… 일본인이 친절하다는건 잘 알려진 애기일 것이다. 가게를 가든, 길을 물어보든, 어디에서든 한결같이 친절하다. 어렸을 때부터 몸에 배인 습관인 듯 자연스럽다.

더구나 남에게 피해를 주는 건 눈꼽 만큼도 싫어하는 국민성을 가지고 있다. 학교에서부터 교육과정과 가정교육에서 철저히 가르치고 있다.

하물며, 관광지에서는 두말 할 것도 없지만, 호텔에서 잠자리나 불편함을 수시로 관리해주고 체크해주는 성실성과, 음식문화에서 나타나듯 깔끔하고 정갈한 이들의 생활에서 배울 점은 분명히 있다. 호텔을 떠날 때 버스가 보이지 않을 때까지 손을 흔들면서 배웅을 하는 모습에서 진정한 친절의 행동을 몸과 마음으로 보여줬다. 그 어느 누가 감동을 받지 않겠는가?? 이것이 오늘의 일본을 만들어낸 원동력이라고 감히 얘기하고 싶다. 선진국으로 가는 길은 이런 작은 실천에서부터 시작되는게 아닐까? 그러면 우리는 어떠한가? 그들보다 더 지나칠 정도로 친절해서 앞서가는 모습을 보여주도록 노력해야 할 것이다. 거기다 하나더, 미소를 항상 잃지 않고 말이다.

자판기 천국

우리에게도 익숙한 자판기!!! 자동판매기 하면 제일 먼저 떠오르는 것이 커피와 캔 음료수, 그리고... 지하철 역에 있는 과자 판매기 정도가 아닐까 싶다. 생활의 편리함을 주는 만큼 깊숙이 우리 곁에 자리잡고 있다. 하지만 그 숫자와 메뉴에서 한계를 보이고 있다. 반면에... 일본은 자동판매기가 세계에서 제일 발전된 나라라고 알고 있다. 도심은 물론 교외 변두리를 가도 자판기가 설치되어 있는 걸 흔히 볼 수 있기 때문이다. 자판기 안의 물건 또한 우리의 상상을 초월하는 것들이다. 쌀, 바나나, 오뎅(어묵), 속옷, 성인잡지, 채소, 넥타이, 우산 등등 나열하자면 끝도 없이 그 수가 많다. 심지어는 순금자판기까지 나왔다고 하니 자판기의 끝은 어디까지인지 가늠할 수 없을 따름이다. 다음 자판기가 기대되기도 한다. 앞으로는 생활의 편리함을 추구하고, 1인 가족형태로 바뀌고, 싱글족들의 증가 등등으로 인해서 자판기 문화는 우리에게도 다양하게 다가올 것 같다. 머지않아 우리도 자판기 천국이 되지 않을까 싶다. 속옷과 순금을 자판기에서 살 수 있을 그 날이 올 때까지...

그 다음은??

가깝고도 먼나라, 일본

일본(日本), Japan ...

과거에 우리에게 아픔과 상처를 주었기 때문에 100% 좋은 감정은 없을 것이다. 역사는 변하지 않듯이 영원히 남을 기록인 것이다. 부모님 세대에서 더욱 뚜렷이 나타나는 현상이지만 오늘날 세대가 변할수록 그 기억은 옅어져 가는 것만 같다. 가깝지만 가까워 질 수 없고, 그렇다고 멀어지지도 않은 오묘한 관계... 그러면서도 교류는 끊임없이 이어지고, 동양의 비슷한 문화 때문에 배제하지도 못하는 관계...

캐나다에 있을때 한일축구 경기가 열렸었는데, 일본인 친구와 함께 보았다. 우리는 친한 사이 였는데 경기가 끝난 후로 어색함이 생겼다. 경기의 승패에 따라서 각자의 마음 속에 미묘한 감정이 있었던 것이다.

그렇다...

우리는 일본인이고 한국인이었다. 오늘날 한류의 바람을 타고 일본인이 우리나라를 찾게 되고, 우리나라의 드라마나 연예인이나 나아가서는 문화에 대해서 열광하게 되었다. 우리는 어떠한가? 일본 만화에 빠지는가 하면, 일본의 사업 아이템을 제일 먼저 받아들이는 나라가 아닌가? 아마도 멀지만 가까워질 수 있는 나라가 일본이 아닐까 싶다. 언제가 될지는 모르지만...

68 너, 어디까지 가봤니? 난,

Washington D.C
Manhattan
Niagarafalls
New York

Part 4
미국 동부

행운의 1등 당첨
공짜로 미국 여행
나이아가라폭포
만찬에 초대 받다
처음 미국을 다녀와서

AMERICAN EAST

행운의 1등 당첨

내 생에 최고의 날!!! 이보다 더 좋을 순 없었다...
"이벤트 행사에서 1등으로 당첨 되셨습니다."
와우... 소리를 한바탕 지르고서야 정신을 차릴 수 있었다. 그 날, 하루종일 귓가에 맴도는 말이었다. 백화점의 주방용품 코너에서 이벤트 행사를 할 때 아무생각 없이 그저 호기심으로 응모한게 기회가 돼서 행운의 여신이 나에게 미소를 보내주셨다. 그 회사 본사가 뉴욕의 코닝시 주에 있었고, 각 지방마다 한 명씩 뽑아서 대표로 여자10명과 한국지사 남자직원 3명, 이렇게 13명이 미국을 일주일 동안 여행하게 된 것이다 .그 중에 내가 서울 대표로 뽑힌 것이다.

그런데 행운의 여신은 나를 유난히 좋아하신 듯, 미국비자를 받기 힘든시기인데도 남들은 관광비자였고, 나만 10년짜리 비자를 받게 되었다. 여행사 직원들도 부러운 눈치였다. 행운은 이렇게 한꺼번에 찾아 오는 듯 했고, 처음 경험할 수 있었다.

　동부의 주요 관광지 구경과 본사 견학, 그리고 만찬에 초대되는 스케줄은 우리가 행사의 주인공임을 증명 하듯 최고로 짜여져 있었다. 2010년에도 40주년 기념 행사를 진행했던 걸 뒤늦게 알고서는 그 때를 회상하면서, 이번에는 행운의 미소가 어떤 사람한테 돌아갔을지 궁금했다.

　다음에 또 기회가 주어진다면 다시 한 번 도전해 보고 싶은 짜릿한 상상을 하면서 오랜만에 이벤트 행사 응모에 문을 두드려 본다...

공짜로 미국 여행을 하다

준비는 완벽했고, 출발 날짜가 다가올수록 설레임은 더욱 커져갔다.

모든 일정과 경비는 회사 부담이어서 우리들은 그야말로 몸만 가면 되었다. 비행기표, 호텔, 투어, 식사 등등... 금액으로 환산하자면 어림잡아도 오백만 원은 나왔을 것이다.

여행의 맛을 알고 눈이 조금씩 트일 때쯤이지만, 솔직히 내 돈주고 가기에는 망설여지는 부분이 없지 않았고, 누구나 쉽게 결정하기는 힘든 경비였기에 값어치는 돈으로 따질 수가 없을 것이다.

더군다나 미국이라는 나라는 동경의 대상이었고, 선뜻 나서서 여행의 대상국으로 하지는 못할 시기에 물꼬를 터준 계기도 되었다. 그것도 공짜로 말이다. 솔직히 난 여행경비를 조금 챙겨갔었다. 추가 경비가 있을 것으로 예상했기 때문이다. 그런데 가족들 기념품을 산 것 외에는 고스란히 다시 가져왔다. 동부의 주요관광지인 뉴욕, 워싱턴, 맨하튼, 나이아가라폭포, 그리고 유명하다는 엠파이어 스테이트빌딩 전망대, TV에서만 봤던 백악관을 가이드의 자세한 설명과 함께 가족같은 분위기에서 즐거운 시간을 보냈다. 공짜라는 편견 때문에 소홀하지 않을까 내심 생각했는데, 예상외로 전혀 불편함과 불만은 없었고, 과분한 대접을 받은 것 같아서 감사할 따름이었다.

세월이 지난 지금 이 기회를 통해서 모든 분들한테 감사함을 전합니다. 공짜로 미국여행의 행운를 주서서...

나이아가라폭포에서 무지개를 보다

동부 여행의 하이라이트 나이아가라폭포 !!!

우리나라 사람들은 한때 신혼여행지로 제주도로 많이들 갔었다. 그러나 미국사람들은 나이아가라폭포로 간다고 한다. 그만큼 낭만과 환상의 드라이브코스 그리고 방대한 양의 물이 수직으로 떨어지는 폭포의 장관에 연인들이 매혹되기 때문일 것이다.

개인별로 카메라에 자신의 모습을 폭포와 함께 담아내느라 분주할때 쯤, 저 너머에서 무지개가 피어나더니, 쌍무지개가 우리를 반기는 듯 수줍게 자태를 뽐내고 있었다. 더 이상 아무것도 바라지는 않지만 뭔가 좋은 징조라 생각하고 한참을 바라봤다. 무지개는 우리가 그 자리를 떠날 때까지 사라지지 않았다.

빨,주,노,초,파,남,보...밤에도 무지개를 보았다. 형형색색 조명이 폭포 쪽으로 비춰지면서 아름다운 야경을 연출해줬고, 연인들은 하나같이 서로 사랑을 속삭이듯 꼭 껴안고 있는 모습이 너무나 잘 어우러졌다.

폭포소리에 취하고,

연인들의 사랑스런 모습에 취하고,

밤에 뜬 무지개에 취했던 추억을 간직한 채 나이아가라폭포를 떠났다.

안녕...나이아가라여 !!!

만찬에 초대 받다

2시간의 만찬! 2시간의 대화 !

   회사로 견학을 가서 만드는 과정을 보면서 설명을 듣고, 유리공예의 신비함도 보면서 덤으로 선물도 한아름 받아서 마음은 이미 부자가 된 듯 했다.
   견학을 마치고 회사 고위 관계자들과 오픈카를 타고 달리는 기분은 영화 속 주인공이 된 듯 하늘을 날아가는 듯 했다. 화려한 샹젤리아 조명아래, 고급레스토랑에서나 볼 수 있는 깔끔하게 세팅되어 정돈된 테이블에서 정식 풀코스로 나오는 만찬은 여행의 마지막 밤을 멋지게 장식해 주었다.

   간단한 음료와 칵테일로 또는 취향에 맞게 와인으로 시작을 하고, 에피타이져와 스프, 그리고 메인요리가 나왔다. 고기는 입에서 살살 녹았고, 소스와 어우러져서 깊은 맛을 냈다. 디저트와 커피를 마시는 데까지 걸린 시간은 대략 2시간 이었다. 그 후로도 간단한 다과와 와인, 종류도 다양한 알코올과 함

께 대화는 2시간 가까이 계속 이어졌다. 파티복을 준비하지 못해서 운동화에 청바지, 편한 복장들을 하고 있었지만, 분위기는 화기애애한 가운데 오랜 시간이 흘렀다. 미국의 상

류사회에서나 누릴 수 있는 듯한 만찬이었고, 그 속에 내가 존재하고 있다는
걸 자랑스럽게 생각했다. 지금까지 먹어본 식사 중에서 가장 고급스럽고, 가
장 화려하고 럭셔리했고, 가장 길었던 만찬으로 기억 될 것이다.

　최고의 만찬!
　최후의 만찬!

처음 미국을 다녀와서

　예전에 외국인처럼 생긴 사람들은 모두 미국사람으로 간주했을 때가 있었
다. 외국하면 미국을 먼저 떠올리기 때문일 것이다. 지금은 인식이 많이 바
뀌어서 그런 사람들은 거의 없다.
　처음 미국땅을 밟았을 때 모두가 달라져 보였다. 다양한 피부색, 다양한
옷차림, 다양한 인종... 그 다양함을 추구하고 실리와 현실과 정직함을 지향
하려는 미국인들을 보았다. 미국은 우리가 단순히 생각하기에 만만한 나라
가 절대 아니었다. 이미 우리보다 훨씬 앞서가고 있는 나라였고, 거대한 울
타리와도 같은 높은 산처럼 느껴졌었다. 미국을 보고 온 이상, 미국을 뛰어 넘
으려면 미국이라는 나라를 알아야 한다. 하나에서부터 열까지 배울 건 배워야
하고, 필요없는 건 과감히 버려야한다.

　이것이 내가 처음 미국을 보고 느낀 점들이다.

오랜 시간이 흐른 지금, 우리는 많은 성장을 했고, 어떤 분야에서는 미국을 앞지르는 것도 분명히 있다. 미국을 다녀왔기 때문에 알 수 있고, 내 눈에 보이는 것이다. 앞을 내다보는 혜안이 생긴 것이다.

Auckland
Queens Town
Takapo
Sydney
Canberra
Melbourne
Adelaide
Alice Springs
Townsville
Brisbane

Part 5
뉴질랜드, 호주

뉴질랜드 북섬

뉴질랜드 남섬

호주

오클랜드 전경

뉴질랜드 하면 무엇이 먼저 연상이 되는지???

드넓은 목장? 깨끗한 공기? 모두 맞지만, 아마도 뛰어난 자연 경관이 아닌가 싶다. 호주와 뉴질랜드를 묶어서 2개월의 기간을 잡고 어느 나라를 먼저 갈까 고심 끝에 뉴질랜드를 선택했다. 그러다 보니 첫 번째 도시가 오클랜드였다.

일단 친구와 차를 렌트하러 갔다. 시스템은 우리를 훨씬 앞서다 못해 정말 잘되어 있어 불편함이 없었다. 그리고는 뉴질랜드를 잘아는 친구를 만나서 여기저기 시내를 돌아다니다가 해질무렵 해군항이기도한 데븐포트(Devonport)로 갔다. 마침 석양의 노을과 환상의 드라이브 코스는 나를 사로잡기에 충분했다.

그 뿐인가?? 데븐포트에서 바라본 오클랜드의 전경이 한눈에 보이는 야경은 Sky tower와 어우러져서 탄성과 더불어 하마터면 기절할 뻔 했다. 낮에 친구가 와인을 챙겨서 영문을 몰랐는데 그 이유를 알 것 같았다. 눈으로 취하고 와인에 취하고 싶어서 산 것이라는 것을!

　자연의 경관 못지 않게 데븐포트에서의 야경은 적어도 나한테는 백만불이었다.

Bay of island, Ninety miles beach

　뉴질랜드에 와서 섬과 바다가 보고 싶다면 이 곳에 가야한다. 아름다움에 놀라고 규모에 또 한번 놀라시게 될 것이다.
　우선 베이 오브 아일랜드로 갔다.
　이 곳은 '섬들의 만' 이라 불리는 최북단의 신비한 곳, 최고의 휴양지로 알

려진 곳이다. 150여 개의 크고 작은 섬들이 조화를 이루고 있어서 휴식을 즐기기엔 안성맞춤이다. 렌트를 해서 내친김에 북쪽 끝까지 가보기로 했다. 많은 시간과 체력을 요하기 때문에 대부분의 사람들이 놓치기 쉬운 곳이어서 무리를 해서라도 가고 싶었다. 오클랜드에서 4시간을 달려야 갈 수 있었다. 가는길은 운치있게 비를 뿌려 주셨고, 드넓은 평원은 가슴을 탁 트이게 했다. 피곤함도 잊은 채 스파게티를 만든다고 분주하게 왔다갔다 하면서 콧노래도 부르고... 김이 좀 빠진 남은 와인은 스파게티와 너무나도 잘 어울렸고 훌륭한 저녁이 되었다.

다음날..

방향을 틀어서 약 140km에 걸쳐 모래해변이 펼쳐지는 90마일 비치로 향했다. 꼬불꼬불한 길을 한참을 달리다가 바라본 바다.. 끝을 볼 수 없는 모래 사장과 10~15m의 커다란 파도는 나의 작은 몸을 삼킬 것 같이 밀려왔다. 오기까지는 힘들었지만 보람은 충분히 있었다. 돌아가는 길에 인테리어가 예쁘게 장식되어 있는 작은 카페에 들러서 에스프레소 한 잔 !!!

오늘은 유난히 하늘의 별이 반짝반짝 빛나고 있었다.

Tauranga(Manganui Mt.)

덤으로 얻은 휴양도시 타우랑가...

사실은 헤밀톤으로 가려는 루트였는데, 여행자 친구들의 강력한 추천을 받은 곳이었다. 첫 인상은 작은 마을에 불과했지만, 거리의 카페, 가로등이며, 아기자기한 상점들의 분위기는 예사롭지 않았다.

일본식당을 경영하는 한국인을 우연히 만나서 또 추천을 받은 곳은 바로 산이었다. 처음에는 반신반의 해서 자꾸 물어봤더니, 밑져야 본전이라면서 믿고 가보라고 하시는게 아닌가?? 운동화를 신고 간편한 복장으로 산을 오르기 위해서 입구부터 천천히 걸어가는 순간 오른쪽엔 작은 바위틈으로 흐르는 강줄기와 왼쪽은 울창한 나무숲이 상쾌하게 만들었다. 출발부터 좋은 예감이 들었다. 올라가는 길은 지루하지 않게 한가로이 풀을 뜯고 있는 양들과 푸른 잔디를 볼 수 있었다. 한참을 오른 듯 정상이 보이면서 뒷편은 어느새 저녁놀이 물들고 있었다. 야경의 화려함은 낮에 본 조용하고 작은 마을이 아니었다. 한참을 넋을 잃고 바라보다가 사람들은 하나 둘씩 사라졌고, 내려가는 길이 막막했다. 어두워서 발밑도 보이지 않아서 엉거주춤으로 가느다란 야경의 빛을 따라 내려갔다. 무서움에 머리가 쭈뼛쭈뼛 아찔한 시간이었다. 무사히 내려와서는 허기진 배를 라면에 밥말아서 김치와 함께 허겁지겁 채우고, 숭늉까지 해결 하고서야 힘든 하루를 마무리 할 수 있었다.

이제는 나도 뉴질랜드 여행자에게 추천해주고 싶은 곳이 되었다.

Rotorua 호수, Taupo호수

"비바람이 치던 바다 잔잔해져 오면, 오늘 그대 오시려나 저 바다 건너서..." 우리가 흔히 알고있는 애틋한 사랑이 담긴 '연가' 라는 노래다.

마오리족의 전통과 문화를 느낄수 있는 곳, Wakarawarawa(간헐천)의 웅장함을 볼 수 있는 곳, 마치 서양 배처럼 생겼으며 총 면적이 80㎢ 으로 폭 12km, 길이 9.5km나 되는 광활한 호수... 그렇다. 더 이상 수식어가 필요 없는 온천의 도시 로토루아에 로토루아 호수가 있었다.

마오리족의 민속 공연도 빼놓을 수 없는 볼거리 중의 하나다. 한적한 호수를 걷고 있노라면 어디가 하늘이고 어디가 호수인지 구분이 안되었다. 호수는 바다의 빛깔을 닮은 청량하고 파란 투명한 색이었다.

수원에서 영어를 가르친다는 현지인 여자, 직업이 요리사인 일본인 남자, 관광객 영국인 할아버지, 우연히 길에서 만난 사람들이었지만 너무나 친절해서 로토루아호수 만큼이나 기억에 남는 사람들이다.

제일 큰 호수 타우포호수 또한 크기와 빛깔에 흠뻑 빠졌으니, 어찌 자연의 아름다움에 미치지 않겠는가???

"그대만을 기다리리, 내 사랑 영원히 기다리리."

Honey Hive

　뉴질랜드 하면 키위, 양, 온천 등을 떠올리는 사람들이 많겠지만 또 한가지 빼놓을 수 없는게 있다면 벌꿀이 아닌가 싶다.

　뉴질랜드에 다녀온 사람들은 선물용으로 샀던 분들도 있고, 한국에서 선물을 받은 분들도 많았으리라 생각된다. 가짜가 판을 치는 요즘 세상에서 진짜를 만나기는 정말 어려워서 꿀을 접하고는 안사고는 못배길 정도로 유혹을 뿌리치기는 힘든 것 같다. 그래서 일부러 찾아간 곳이 Honey Hive 라는 곳인데, 꿀의 모든 것, 꿀 채집, 꿀로 만든 여러가지 기념품, 인형, Wine시음까지 잠시나마 동심의 세계로 돌아간 느낌이었다. 먹을 것을 속이면서 돈을 벌려는 상술에 어두운 양심을 파는 사람들이 있는가 하면, 자연에서 얻은 소중한 결과물을 그대로 먹거리에 반영하는 이 나라 사람들의 진실된 마음을 우리는 배워야 하지 않을까??? 몸에 좋아서 때로는 약이 되기도 하는 벌꿀을 시식용으로 실컷 맛보고 선물도 몇 가지 샀다. 그 어느 기념품보다 훌륭한 선물이 아닐까?

　무엇을 선물할까 망설이시는 사람들은 Honey Hive에서 고르면 어떨까? 후회는 안할 것이다. 100% 보장한다!

Botanic Garden, Rose Garden

꽃을 싫어하는 사람은 없을 것이다.

뉴질랜드는 공원과 가든, 호수의 주변의 시설을 제대로 갖추고 있다. 관광객들의 볼거리이자 시민들의 휴식처이다. 각종 나무들, 새들, 꽃들, 넓은 규모의 분수... 약방의 감초같은 여행 중에 여유를 찾고 싶을 때 빼놓을 수 없는 곳, 보타닉 가든으로 가서 한가한 시간을 보내고 있을 때, 놀이터에서는 주말이어서 가족과 함께 시간을 보내고 있는 사람들이 많았다.

유심히 살펴보면 아이들의 노는 과정을 아빠들은 뚫어지게 쳐다보면서 눈높이를 맞추는 교육을 하고 있었다. 주위의 자연환경과 더불어 인성교육이 따로 필요없을 것 같아 보였다. 잠시나마 동심의 세계로 순수해지는 나를 보면서 미래의 나의 가족을 상상해 보았다. 다시 발길은 장미의 향기를 따라 이끌려 가듯 Rose Garden으로 갔다. 아름다운 꽃과, 식물들의 모습을 보고 있자니 아이들의 천진난만한 얼굴이 장미꽃으로 보였다.

그렇다!

어쩌면 제일 아름다운 꽃은 미소 짓는 사람의 얼굴이 아닐까 싶다. 시들지도 않고 가시에 찔릴 염려도 없는, 화무십일홍이 아닌 영원한 불로초 같은... 그래서 웃는 얼굴은 모두 아름답다.

길에서 만나다

오늘은 여유롭게 다니고 싶었다. 피곤에 지친 몸을 충전도 할 겸 AC Baths로 향했다. 온천이라고 하기에는 고급스러운 분위기였고, 여기서는 수영복을 입는 게 우리와는 좀 달랐다. 가끔의 휴식은 필요하다. 가벼워진 몸으로 걷고 있는데 번지점프 하는 곳이 보였다. 구경만 하는데도 다리가 후들후들... 시도해 보고 싶었지만 용기가 나지 않았다. 돌아오는 길은 해질 무렵이어서 계속 걷기는 무리였다.

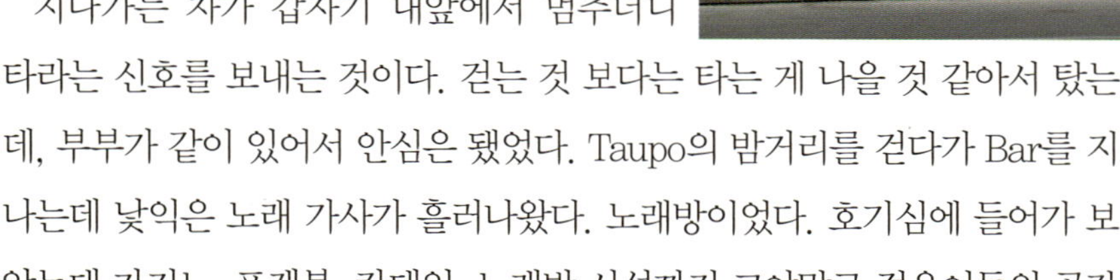

지나가는 차가 갑자기 내앞에서 멈추더니 타라는 신호를 보내는 것이다. 걷는 것 보다는 타는 게 나을 것 같아서 탔는데, 부부가 같이 있어서 안심은 됐었다. Taupo의 밤거리를 걷다가 Bar를 지나는데 낯익은 노래 가사가 흘러나왔다. 노래방이었다. 호기심에 들어가 보았는데 카지노, 포켓볼, 칵테일, 노래방 시설까지 그야말로 젊은이들의 공간

90 너, 어디까지 가봤니? 뉴,

이었다. 칸막이도 없이 그 곳에 있는 사람들은 모두 하나가 된 듯했다. 구경만 하고 있는 내게 주인아주머니의 배려로 동양인의 특권으로 노래를 부를 기회를 주셨다.

난 세계인이 함께 부를수 있는 팝송을 불렀다. 비틀즈의 Yesterday였다. 역시 합창곡인 듯 모두들 입을 함께 모아서 노래를 불렀다. 우연히 길에서 만난 스치는 사람들이지만, 때로는 감동을 주는 사람들이다.

우리의 매운 맛, 고추장

북섬이여 안녕 !!

드디어 남섬에 입성하다... Wellington을 뒤로하고 Nelson에 도착했다.

이동하느라 몸도 지치고 허기도 진 상태여서 짐을 풀자마자 슈퍼로 달려갔다. 온갖 요리 재료들로 눈을 자극하더니 급기야는 배에서 요동을 치는 것이다.

오늘은 특별한 음식을 만들어 볼까 고민하다가 고기와 야채 과일을 샀다. 스테이크는 가격도 저렴하고 요리하기 간편해서였다. 후라이팬에 익혀서 소금과 후추로 간을 하면 완성이다. 옆에 곁들여서 야채를 올리고 과일을 잘라 놓으면 훌륭한 일품 요리가 된다. 주방에서는 인종이 서로 다른나라 친구들이 요리 솜씨를 뽐내느라 정신이 없었고, 다른 한 쪽에서는 한국인이 김치찌개와 밥을 하는 냄새가 코를 자극하고 있었다.

우리들은 음식을 가운데 놓고 서로 조금씩 맛보면서 나눠 먹었다. 이야기 꽃을 피우면서 만찬을 즐기고 있었다.

난 김치찌개가 땡겼다. 그런데 한국인이 갑자기 꼼쳐둔 고추장을 꺼내더니 밥에 비벼먹는 게 아닌가?? 나도 덩달아 고추장에 밥 비벼먹고 조금 얻기도 했다. 역시 한국인은 어딜가나 매운맛에 길들여져서 어쩔수가 없나보다. 고추장 하나에 감탄을 하니 말이다.

우리 것은 소중한 것이여!

Greymouth, Grey river

북섬은 여성에 비유해서 평온함과 부드러운 산등성이가 있는가 하면, 남섬은 뾰족하고 웅장한 남성미가 넘치는 대조를 이루고 있었다. 지형과 산새가 확연히 달랐다. Greymouth로 향하는 버스 안에서는 북섬에서는 볼 수 없었던 굽이굽이 높은 산들과 우리나라에서는 볼 수 없는 나무들. 파도가 세차게 부딪치는 해안 도로를 달리는 기분은 환상적이었다. 마치 공중에서 촬영한 영화의 한 장면처럼 꼬불꼬불 이어진 도로는 한 마디로 절경이었다.

영화 '피아노(Piano)'의 해변이 있는 도시, 그레이마우스(Greymouth)... 따뜻한 햇살도 좋지만 비가 부슬부슬 내리는 오늘 같은 날 더욱 운치가 더했다. 비를 맞으며 숙소를 찾으려고 다니는 내 모습이 오늘따라 처량해 보였고, 눈물인지 빗물인지 모를 뜨거운 액체가 뺨을 타고 내려 오고 있었다. 남들은 알 수 없는 나만의 감정이었다.

너무 멋있는 경치를 봐도 눈물이 나오지만, 너무 힘들어도 눈물이 흐르는 것 같았다. 이런 감정조차 나중에는 추억의 한 페이지로 남아서 비오는 날 조용히 꺼내 볼 수 있겠지???

빙하체험

빙하관찰!!

    말만 들어도 흥미진진한 경험이 될 것 같았다. Half time으로 예약을 해놓고는 이미 다녀온 사람들의 경험담을 듣고 있자니 더욱더 호기심이 나를 자극 시켰다. 출발전 준비는 까다로웠다. 신발과 양말을 갈아 신고, 레인코트를 입고, 아이젠을 착용하고 서약서까지 쓰고서야 끝이 났다. 버스를 타고 입구까지 이동 후 빙하를 밟는 순간... 아이젠 속으로 빙하가 들어오면서 그 두께에서 가늠 할 수 없는 세월의 깊이가 느껴졌다. 가이드의 안내로 빙하체험 투어 일행들은 일사분란하게 움직였고, 다양한 모양과 기괴한 빙하의 세계에 푹 빠진 듯 사진 촬영에 여념이 없어 보였다. 경로를 벗어난 곳은 위험해 보이기도 해서 가이드의 도움 없이는 절대 갈 수 없었다. 다리에 힘이 잔뜩 들어가서인지 아프고 피곤했다. 가이드와 기념 촬영을 했고, 수료증서를 받은 후에야 뭔가 특별한 체험을 한 것 같아서 뿌듯했다.

    일상에서 벗어나서 뭔가 특별함을 느끼고자 여행을 떠나고 싶다면, 빙하체험 같은 색다른 경험을 해보라. 여행의 의미를 찾게 될 것이다.

병원을 가다

두드러기의 악몽 !!!

빙하 체험 후에 체력소모가 커서 몸 보신도 할겸 저녁 메뉴로 백숙을 선택했다. 정식으로 갖춰서 할수는 없지만 비슷하게 흉내를 내서 마늘과 쌀 그리고 슈퍼에서 냉동 닭을 샀다. 물만 붓고 펄펄 끓이기만 했다. 같이 투어를 갔던 친구들은 카레라이스를 만들었다. 우리는 서로 나눠 먹었고, 그날은 바로 곯아 떨어졌다. 다음날 같이 간 후배 몸에서만 조금씩 조금씩 빨갛게 두드러기가 나기 시작하면서 계속 긁어 대기 시작하는게 아닌가??? 다음날에는 온 몸으로 급속도로 퍼져서 깜짝 놀랐다.

다른 사람은 전혀 문제가 없었다. 우린 바로 병원으로 달려갔고, 말이 필요 없이 상태를 보여주니 의사소통의 불편함은 못느꼈다. 주사를 맞고, 처방을 받았는데, 여행자 보험을 가입했기 때문에 보상은 받겠지만, 치료비가 예상보다는 비쌌다. 영수증을 챙겨서 숙소로 돌아왔다. 서로가 놀란 가슴을 쓸어 내리면서 다음부터는 먹는 걸 신경써서 조심하기로 했다.

96 너, 어디까지 가봤니? 넌,

이번 일이 좋은 계기가 된 것 같다.

타국에서 아프면 나만 손해!!! 건강해야 여행도 할 수 있는 법!

Queens Town

세상이 온통 알록달록 물감을 풀어 놓은 듯 무지개로 보였다. 버스는 절벽을 아슬아슬하게 곡예를 하듯 산을 넘어서 퀸스타운으로 점점 더 가까이 다가가고 있었다. 눈앞에 펼쳐진 퀸스타운의 가을은 오색단풍으로 무르익고 있었다.

와우!! 브라보!!!

우선 혼자 보기는 아까웠다. 곤돌라가 오르내리는 모습, 스카이 다이빙을 하는 모습, 언슬로 증기선이 오가는 모습, Jet Boat가 요란한 소리를 내며 떠나는 모습... Activity가 풍성하고 아름다운 곳! 퀸스타운은 여왕의 도시답게 우아했고, 아름다움의 극치였다.

벤치에 앉아서 시간 가는 줄 모르게 바라 보고 있노라니 지루함도 잊었다. 증기선을 타고 어디론가 떠나는 상상을 해보기도 했다. 이 곳에서는 꿈을 꿀 수 있는 도시처럼 보였다. 좀 다른 곳에서 감상하고 싶었다. 언덕에서 바라 본 퀸스타운의 전경... 한 폭의 그림을 보는 듯 눈을 뗄 수가 없었다.

단풍은 역시 퀸스타운이 퀸이었다!

Milford Sound(자연의 조화)

자연이 만들어낸 신비한 조화!!!

　'협만(峽灣)'이라는 뜻을 가지고 있고, 뉴질랜드 남섬 아래쪽 호주 쪽을 향한 서부해안에 있는 피요르드로써, 피요르드 14개가 구불구불 굴곡을 이루며 바다로 이어지는 곳... Milford sound로 향하는 길이다. 세계에서 가장 큰 국립공원 중의 하나이자 유네스코 세계문화유산으로 지정되기도 한 곳이다. 5시간에 걸친 꼬불꼬불한 험한길을 넘어서 도착한 곳이 Milford sound... 크루즈를 타고 가까이 가서 보는 경관은 일품이다. 크루즈를 이용해서 1시간 45분을 보는데 짧게만 느껴졌다. 추위에 떨었지만, 마음만은 따뜻했다. 자연의 신비로움과 신이 내린 전설적인 곳에 내가 서있다니 믿어지지 않았다. 떨어지는 폭포와 피요르드식 협곡을 보면서 진한 커피향에 취하고 싶었다.

난 아무런 말도 할 수가 없었다. 그저 바라만 보고 있을 뿐이었다. 자연을 보면서 인간의 욕심과 부질없는 생각들을 버리게 되는 것 같다. 위대함이 주는 진실함이 있기 때문일 것이다.

자연을 소중히 사랑하고 아껴야겠다고 다짐하면서...

시계를 선물 받다

선물 !!

그 날은 여유를 부리면서 쉬고 싶었다. 퀸스타운의 가을 단풍을 보면서 산책로를 마냥 걸었다. 버스를 타고 지나갈 때는 안보였던 것들이 눈으로 들어왔다. 재미있는 물건들, 신기하고 귀한 물건들을 진열해 놓은 상점들도 볼거리였다.

기념품은 사지 않아도 보는 즐거움, 주인아저씨와 아줌마들의 수다도 때론 활력소가 된다. 한국식품점에서 중국인을 만났다. 미소로 서로 눈 인사를 한 후 가볍게 대화를 시작했다. 난 처음엔 한국인으로 착각을 했었다. 중국, 일본, 한국 사람들은 외모에서 가끔씩 구분이 안될 때도 있다. 중

국인한테 차 한 잔을 대접받았다. 나한테 시간을 물어봤는데 내가
시계가 없었다. 헤어질 때 시계를 선물로 받았다. 난 사양했지만
가방에 마구 밀어 넣어주셨다. 그 분은 중국인 의사였다.

그 날 난 운수 좋은 날이었다.

Tekapo에 있는 Y.H

데카포에서의 하룻밤!!

마오리 언어로 'Night Sleeping Place' 라는 뜻을 품고 있는 빙하호수 데
카포... 경관도 아름답지만 전망좋은 여행자 숙소가 있어서 더욱 유명한 곳
이다. 동양인이 거의 대부분이고 그 중에 일본인들이 많았다. 짐을 풀자 마
자 방명록에 왔다는 흔적을 남기고 밖으로 나갔다. 비는 며칠째 추적추적 내
리고 있다. 비내리는 데카포는 운치를 더했다.

다음날 데카포 호수를 보기 위해 트레킹을 했다. 홀로 걷는 산책로에서는
나무와 새들과 바람소리가 친구가 되어준다. 정상에서 바라본 호수는 지금
까지의 어느 호수보다 으뜸이었다. 초콜릿을 먹으면서 바라보는 기분은 달
콤함과 어우러져서 묘한 느낌으로 다가왔다. 하루종일 데카포만 바라봐도
좋을 듯... 구름 위에 둥실둥실 떠있는 것같은 착각이었다. 난 그렇게 한참을
거기에 있었다.

내려오는 길은 아쉬웠다. 갑자기 장대같은 소나기를 만나서 흠뻑 젖었다.

데카포 호수가 하늘에서 내려오는듯 비를 맞아도 좋았다. 벽난로에서는 나무가 타고 있었고 빗소리와 함께 아름다운 하모니로 들렸다. 욕조에 몸을 담그고 눈을 감고 있자니, 데카포가 아른거렸다.

두고두고 꺼내보고 싶은 풍경이었다.

교회에서 생긴 일

"유종의 미"라는 말이 있다.

남섬에서 가장 큰 도시답게 저녁에 도착한 교회는 나를 압도하기에 충분했다. 성당의 야경은 나를 환영하는 듯 아름다운 자태를 뽐내고 있었다. 한국음식이 그리워 찾아간 식당에서 삼겹살과 김치찌개에 하얀 쌀밥을 배불리 먹었다. 옆자리 분들이 대신 계산해 주셔서 감사했다.

난 보답으로 멋진 사진을 보여드리겠다고 카메라를 찾는 순간, 앞이 캄캄해졌다. 안보였다. 잃어버렸다. 식은땀이 흐르더니 머리가 하얗게 되면서 아무 생각이 안났다. 기억을 더듬어서 거꾸로 돌아가 보았다.

공중전화 박스에서 집에 안부전화를 하고 놓고 온게 틀림 없었다. 역시 카메라는 없었다. 카메라보다는 그 속에 담긴 사진이 너무 너무 아까웠다. 다시는 내가 찍은 사진을 볼 수 없음에 눈물이 흘렀다.

식당 아줌마의 권유로 경찰서를 찾아갔다. 자초지종을 얘기하기는 쉽지 않았다. 바디랭귀지에 손짓 발짓으로 설명을 하고서야 알아들은 듯 증명서

를 발급해 줬다. 한국에서 보험처리는 했지만 잃어버린 사진은 죽을 때까지
잊을 수가 없다.

　교회는 아픔을 준 곳이다...

AUSTRALIA

여기는 시드니

호주를 대표하는 하는 도시 Sydney!! 그 곳에 세계에서 가장 아름다운 건

축물 중 하나로 손꼽히는 오페라 하우스가 있다. 하버브릿지와 붙어 있어서

더욱 경관이 돋보이는 곳이기도 하다. 공모전의 우승작 작가인 덴마크의 건축가 이외른 우촌의 작품으로서, 오렌지 껍질을 벗기던 도중에 떠올린 것으로 알려져서 더욱 유명하기도 하지만 9년의 짧지 않은 건축기간을 거쳐서 1973년 완공된 이 곳은 2007년 유네스코 세계유산에 선정되었다. 뛰어난 디자인과 독특한 모양은 어느 각도에서 보더라도 느낌은 모두 달랐다. 그 옆으로 노천카페가 즐비하게 들어서 있는 모습은 지나가는 사람들로 하여금 발길을 멈추게 했다.

다음은 세계에서 4번째로 긴 아치교, 하버브릿지... 8년이 넘는 공사기간 끝에 1932년 완공된 것이다. 한 사람씩 끈으로 묶어서 한 계단 한 계단씩 다리 난간을 타고 올라가는 프로그램인데, 발밑은 아찔했지만 멀리 보이는 시드니 전경은 훌륭했다. 그리고 파일런 전망대로 가서 오페라하우스와 하버브릿지를 한 눈에 품을 수가 있었다. 이렇게 한꺼번에 두 군데를 같이 묶어서 봐야 온전한 그림이 나오는 것 같다.

시드니의 상징이니까 말이다...

야경으로 즐기는 시드니

　환상의 야경을 보고 싶으시면 저를 따라오세요!!!

　빌딩숲, 많은 사람들과 자동차의 물결,거대한 도심 속에 Hyde park가 있구요. 저녁무렵 붉은 노을을 바라보고 있노라면 내 마음도 어느새 붉게 물들고 있었어요. Acquaries point에 왔을 때는 해질 무렵이었죠. 모두들 삼각대를 받쳐놓고 아름다운 순간을 놓치지 않으려고 준비를 하고 있더라구요.

　주말이라서 그런지 낮에는 결혼식 장면이 심심치 않게 보였는데, 야외 촬영하는 모습이 예쁘고 사랑스러워 보이던데요? 석양이 서서히 물들어 갈 때쯤 오페라하우스와 하버브릿지에도 조명이 하나 둘씩 들어오면 조화를 이루듯 황홀함에 빠질 준비를 해야 해요..

　낮에 본 웅장한 모습과 밤에 보는 화려한 야경은 두 얼굴을 가진 듯이 너무나 다르죠? 그 길로 바로 엔터테이먼트와 레저 산업이 발달한 지역 달링하버로 발길을 옮겨볼까요? 시드니가 왜 세계 3대 미항으로 꼽히는지 알수 있을거예요..

　바로 이런곳들이 시드니 야경의 포인트랍니다.. 오늘따라 시드니의 석양은 더욱 붉게 보이네요!!

　언제나 변함없이 오늘도 시드니의 화려한 밤이 저물어 가고 있네요...

Blue Mt. 에서

블루마운틴으로 일일 트레킹을 가다.

호주하면 캥거루를 빼놓을 수 없다. 버스를 타고 가는 길에 잠깐 캥거루를 보는 시간이 있었는데, 동물의 왕국이라는 프로에서만 볼 수 있었던 동물을 직접 접하니까 신기했고, 캥거루의 뛰는 모습, 어미가 새끼를 품고 있는 앙증맞은 모습이었다. 자! 이제 슬슬 떠나볼까? 블루마운틴을 대표하는 세자매 바위는 카툼바 남쪽 끝에 위치한 붉은 세 개의 바위 상으로 에코포인트 왼편에 자리 잡고 있다.

슬픈 전설을 간직한 채 말없이 그 자리를 지키고 있는 세 자매 봉우리... 호주의 그랜드캐넌이라 해도 과언이 아닐 정도로 웅장하고 거대한 모습에 압도 당했다. 여러 각도에서 보아도 전혀 다른 모습을 하고 있어서 색다르게 느껴졌다.

그 곳을 걷고 또 걷고,, 오늘은 계속 걷는 날이었다. 케이블카를 타고, 바로 아찔한 Railway를 타고, 수직으로 내리 꽂는 듯 가슴을 쓸어 내렸지만 스릴 만점이었다. 일일투어로는 긴 12시간을 보내서 몸은 천근만근 이

108 너, 어디까지 가봤니? 넝,

었지만, 유익한 시간 이었다. 앞으로 트레킹의 매력에 빠질 것 같다.

Day pass로 Ferry를 이용하다

우선 Day pass를 사서 써큘러키로 갔다. 써큘러키에서는 어디든 갈 수 있
는 배들이 정박해 있는 정류장 같은 곳이다. Watson Bay로 가는 Ferry에 올
랐다. 시드니에서는 어딜가나 하버브릿지와 오페라하우스는 눈에서 벗어나
질 않는다. 상쾌한 바람을 가르며 15분만에 도착한 곳이 Watson Bay... 누드
비치로도 유명해서인지 나체로 공놀이 하는 아저씨의 모습과 그리고 영화
"빠삐용"에서 빠삐용이 뛰어내렸다는 Gap park공원의 절벽... 절벽으로 이
어지는 산책로... 절벽 아래에서는 세차게 부서지는 파도.. 놓칠수 없는 호주
시드니의 명소임에 손색이 없다.

버스를 타고 Rose Bay로 갔다가 다시 버스를 타고 Double Bay로 갔는데,
요트가 즐비한 걸로 봐서는 부유층들이 사는 고급저택임을 알 수 있었다..상
점도 예사롭지 않았다. 세 군데 모두 특색 있는 곳들이어서 어디가 제일 멋
있냐고 질문을 하면 대답하기 곤란하지만 그 중에서 꼽으라면 Watson
Bay(Gap park)을 추천해주고 싶다. 그러나 어차피 하루에 다 돌아 볼 수 있
기에 한꺼번에 다 돌아 보기를 권한다.

다시 써큘러키로 와서 Darlling haubour로 가는 Ferry를 탔다. 뒤로 보이
는 시드니의 노을은 절묘한 타이밍으로 백만불짜리 야경이 펼쳐졌다. 다시

Train을타고 Town Hall로 돌아왔다. 이 모든 일정은 Day pass 하나만 있으면 해결이 되었다. 저렴하면서도 알찬시간이었다.

110 너, 어디까지 가봤니? 난,

아름다운 해변(Bondi Beach)

별이 쏟아지는 해변으로 가요 해변으로 가요…

남태평양과 맞닿아 있어 파도가 높은 이 해변의 이름은 Bondi 혹은 Boondi, 어보리진 언어로 '바위에 부딪혀 부서지는 파도' 라는 의미를 담고 있으며, 아일랜드와 영국의 많은 관광객들이 크리스마스 휴가를 보내기 위해 찾는 곳 중의 하나이다.

한 낮의 기온이 30°를 웃돌아서 작열하는 태양아래에서 유럽관광객들이나 현지인들은 12월 25일을 이 곳에서 많이 보낸다고 하니, 지구 반대편에서는 화이트 크리스마스를 기대하고 있을 때 여기는 비키니 입고 해변에서 즐기는 모습을 상상하자니, 참으로 아이러니하다는 생각이 들었다.

파도가 높아서 서핑을 즐기는 사람들, 하얗게 부서지는 파도를 보면서 넓은 백사장을 걷고있는 사람들, 뷰포인트마다 안락하게 꾸며놓은 산책로에서 편안한 휴식을 만끽하고 있는 노부부의 모습들, 내 마음의 평수가 한없이 넓어짐을 느낄 수 있었다. 본다이 비치의 멋진 석양이 바다에 비치는 모습을 바라보면서 이 곳에서 사랑하는 사람과 영원히 살고 싶다는 즐거운 상상을 해보았다. 돌아오는 길에 Monly행 Ferry를 타고 도착한 곳은 Monly Beach. 고급 주택들로 빼곡했고, 역시 아름다운 비치의 모습을 하고 있었다.

달콤한 사랑을 속삭이는 데는 해변만한 곳은 없는 것 같았다. 갑자기 다시 바다로 떠나고 싶어진다.^^

사랑을 하고 싶어서일까??

호주의 수도 캔버라

우리가 흔히 알고 있는 호주의 수도가 시드니?? 멜버른?? 아니 캔버라다. 원주민어로 '만남의 장소' 라는 뜻으로 시드니와 멜버른이 서로 수도를 하겠다고 싸우다 가운데 있던 캔버라가 수도가 된 거라고 한다.

1800년대 말, 시드니와 멜버른의 수도 유치 경쟁의 결과물이 된 호주의 수도 캔버라. 나무 한 그루 없는 땅에 1913년부터 건설된 계획도시라고 하니, 지금의 우리나라 계획도시를 놓고 왈가왈부하는 거나 마찬가지의 과정을 겪고 태어난 수도 같다. 버스를 타고 아침에 도착하니 기온이 뚝 떨어져서 추위를 느낄 정도였다. 첫 인상은 보편적으로 알고 있는 수도와는 다르게 복잡

하고 화려하고 웅장하지 않은 조용한 도시였다. 투어버스로 시내를 다닐 만
큼 넓지는 않아서 전쟁기념탑, 안작퍼레이드, 미술관, 그린핀호수, 국회의사
당까지 하루에 소화할 수 있었다.

　우리한테는 잘 알려지지 않은 곳 낯선 수도여서 그런지 가이드의 자세한
설명은 캔버라를 이해 하는데 도움이 많이 되었다. 그 나라를 대표하는 수도
가 있듯이, 캔버라는 호주의 수도였다. 이제부터는 누가 물어보면 시드니가
아닌 멜버른이 아닌 캔버라라고 자신있게 대답할 것이다.

후배와 만나다

꿀맛 같은 휴식!!!

이동거리가 길어서 멜버른으로 넘어 오는 시간은 고생이었다. 꾀죄죄한 차림새와 초췌한 얼굴로 주위를 살핀 후 전철을 타고 후배가 있는 곳에 도착했다.

워킹으로 와서 알바하면서 영어도 배우고 있는 후배는 내 몰골을 보자마자 웃으면서 고생한 흔적을 눈치챈 듯 푹 쉬었다 가라고 따뜻한 말 한마디를

건네줬다. 잠에 취해서 쓰러진 후 오후가 돼서야 눈이 떠졌다. 바람을 쐬러 시내로 가서 아트센터에서 하는 뮤지컬을 공짜로 감상했는데, 의상이며, 무대배경이며, 예사롭지 않은 탱고, 탭댄스, 발레까지 배우들의 댄스솜씨를 볼 수 있었다. 차이나타운은 어느 나라를 가든 그들만의 영역을 확보하고 터전을 잡고 서로 도움을 주면서 살아가고 있었다. 가장 전망이 좋다는 Sofitel hotel로가서 35층으로 곧장 직행. 비록 화장실이었지만 가장 깨끗하고 훌륭한 야경을 그것도 공짜로 감상할 수 있었다. 부침개 한 조각과 와인 한 잔으로 늦은 시간까지 밀린 얘기를 하면서 시간을 보냈고, 한 달만에 맛보는 편안한 휴식과 잠자리는 나를 바로 꿈나라로 데려갔다. 누군가가 낯선 땅에서 나를 기다려준다는 것만으로 마음은 이미 부자가 된 기분이었다. 내일은 알람을 무시하고 늦잠을 자려한다. 하루종일 자도 좋을만큼...

114 너, 어디까지 가봤니? 넌,

삼겹살 파티

오늘은 일요일 삼겹살 먹
는 날...

몸 보신 시켜준다면서 후
배가 바베큐 파티를 제안했
다. 나야 고마울 따름이었다.

우선 재료를 장만했다. 삼
겹살, 소시지, 야채, 과일,
와인 그리고 빼놓을 수 없는

고추장까지, 준비는 완벽했다. 집에서 하는 줄 알았는데, 공원으로 가는게 아
닌가?? 넓고 푸른 잔디밭, 울창한 나무, 가을을 알리는 낙엽이 있는 곳에 데
려갔다. 바베큐를 할 수 있게끔 완벽한 시설이 군데군데 배치되어 있었다. 잠
시 후 삼겹살 냄새는 코를 자극했고, 구워진 삼겹살과 소시지는 순식간에 없
어졌다. 주위의 아름다운 경치와 어우러져서 삼겹살파티는 레드와인의 진한
향과 함께 사진 한 컷으로 남아 우리의 추억으로 간직될 것이다. 단란한 가
족들의 모습은 쉽게 볼 수 있었고, 휴일을 제대로 보내는 이들의 사는 모습
에서 행복을 엿볼 수 있는 좋은 시간이었다. 입가심으로 아이스크림을 사서
입에 물고 콧노래를 부르면서 부른 배를 두드리며 돌아오는 발걸음은 가벼
웠다.

아직도 삼겹살을 먹을 때면 그 때의 파티를 떠올리곤 한다.

신의 조화(Great ocean road)

그레이트 오션 로드로 가는길!!!

멜버른 남서쪽 1백km에 위치한 토키(Torquay)에서 시작해 포트 켐밸(Port Campbell)로 이어지는 243km의 길고 긴 해안도로이다. 많은 해변도로와 기암괴석들이 관광의 포인트라고 볼 수 있는곳, 멜버른에서는 이 곳을 놓칠 수 없다.

그레이트 오션 로드로 접어드는 순간 버스 안에서는 감탄사가 이어지면서 모두들 엉덩이를 들썩이고 있었다. 해안도로로 이어지는 길고 긴 파도, 나의 눈을 의심하게끔 환상의 세계로 끌고 갔다. 바위에 부서지는 물결과 포트켐벨 국립공원에서는 빼놓을 수 없는 런던브릿지는 그레이트 오션 로드의 하

116 너, 어디까지 가봤니? 냐,

이라이트라고 해도 손색이 없을 만큼 경관이 빼어나다.

세찬파도와 비바람에 깎이고 떨어져 나가서 없어지기도 했다는 바위들… 나머지는 말없이 묵묵히 제 자리를 지키고 있는 모습에 감탄을 하지 않을 수 없었다.

가는 날이 장날이라고 날씨는 흐리고 비가 왔지만, 오히려 이런 날이 사진이 옆광으로 찍혀서 멋있게 나온다고 하니 다행으로 생각했다. 하늘도 도와주신 듯 감사했다. 인간으로서 어디까지 자연의 신비한 조화를 이해할 수 있을지… 해답은 찾을 수 없고, 그저 바라만 볼 뿐이다…

Phillip Island(귀여운 펭귄)

페어리 펭귄이 서식하는 Phillip Island로 같이 가실래요?? 멜버른에서 남동쪽으로 122km지점에 위치해 있는 곳으로서 아이들이 무척 좋아할 만한 관광지인 것 같아요. 버스에 몸을 싣고 출발하면 캥거루 농장에 도착해요. 먹이도 주고 뛰어다니는 모습도 가까이에서 볼 수 있어서 신기해요. 어른, 아이 막론하고 모두 즐거워하는 모습이네요. 다시 버스는 코알라가 서식하는 곳에 도착해요. 풀을 뜯어 먹는 모습, 나무 사이에서 눈을 감고 자는 모습은 인형이라면 안아주고 싶을 정도로 엄청 귀엽죠. 이제 해질 무렵이니 필립아일랜드로 가실까요?? 많은 관광객 때문에 5시 50분쯤 관람석에서 적당한 자리를 잡아야 해요. 두꺼운 옷을 준비하지 못하면 추위에 떨 수도 있으니

주의해야 하구요. 드디어 서서히 모습을 드러내기 시작하는 페어리 펭귄들...무리를 지어 다니고, 그 중에서도 인솔자가 꼭 있네요. 뒤뚱뒤뚱 걷는 모습이 너무 앙증맞고 예뻐서 어쩔 줄 모를거예요. 페어리 펭귄은 모래성에 보금자리를 마련해 놓고 서식을 한다고 하네요. 그리고 새벽에 바다로 다시 간다고 하구요. 이것을 보고 '펭귄 퍼레이드' 라고 하더라구요.. 동심으로 돌아가서 아이들과 함께 페어리 펭귄을 보고 있노라면, 세상의 욕심이 없어지는 듯 마음이 깨끗해지고 맑아지는 듯 할거예요. 자연의 섭리는 때론 우리에게 교훈을 주기도 하죠.

후배와 헤어지다

　짧은 만남, 긴 이별...
　오늘은 여유있게 시간을 보낼 예정이어서 늦은 아침을 먹고 길을 나섰다. 세인트킬라 비치로 향했다. 우리나라의 월미도와 비슷한 모습을 하고 있었는데 나름대로 멋스러웠다. 검푸른 바다와 세찬 바람이 사람들을 삼켜 버릴 것 같았다. 반면에 일몰의 장관은 카메라의 셔터를 누르게끔 손을 잡아 당겼다. 놓칠 수 없는 순간은 빨리 지나간다. 갑자기 예고도 없이 찾아온 소나기에 사람들은 어디론가 숨어버렸고, 세인트킬라 비치는 쓸쓸한 모습으로 운치를 더해줬다. 한참을 바라만 봐도 좋은 그런 곳이었다. 이 곳에서 후배에 대한 고마움과 헤어짐의 아쉬움을 달랬다.
　내가 받은 신세에 비하면 작지만 라면 한 박스로 대신했다. 사실 라면은

귀한 메뉴였다. 항상 환한 미
소로 나를 대해준 후배였기
에 멜버른에서의 추억은 잊
을 수가 없을 것 같다. 우리
는 늦은 시간까지 와인에 취
해서 이야기 꽃을 피웠다. 한
국에서 다시 만날 것을 약속
하면서... 고맙다!! 후배야...

그 후로, 우리는 다시 한국에서 만났고, 지금까지도 그 때, 그 시간, 그 추
억을 떠올리곤 한다. 와인을 마시면서...

와인에 취하다(Barossa Valley Wine Tour)

오늘은 왠지 와인에 취하고 싶어라...

밤에 버스는 쉬지 않고 달려서 Adelaid에 나를 내려줬다. 비몽사몽이었던
나의 몸은 어느새 활기를 되찾은 듯 쌩쌩해졌다. 아마도 여행할 때는 지치지
않는 열정과 힘이 솟아나는 자동장치가 되어있는 듯 했다. 바로사밸리로 투
어를 가기로 했다. 호주 와인의 거의 70%를 차지할 만큼 방대한 와인의 세
계였다.

끝도 없어 보이는 포도밭과 수많은 와인공장을 견학하는 건 흥미로운 일

이었다. Adelaid Hill로 가서 전경을 보니 넓은 포도 농장이 끝도 없이 펼쳐
져서 비교될 수 없는 땅을 실감할수 있었다. Jacop's Greek를 방문해서 와
인 테스팅을 보고, Orlando와인 시음하는 곳에서는 수를 헤아릴 수 없을 만
큼 많은 와인에 취해버렸다.

공짜라면 양잿물도 마신다는 속담도 있듯이, 주당도 아닌데 권하는 와인
은 다 받아 마셨다. 점심식사로 스페셜 풀코스에 또 와인 한 잔. ^^

투어는 계속됐고, 2군데 더 시음하는 곳으로 갔는데, 그 곳은 칵테일까지
시음을 하라는 것이다. 유혹을 뿌리칠 수 없어서 시음한 와인 중에 제일 입
맛에 맞는 와인을 샀다. 숙소로 돌아오니 일행 중 한 명이 와인 파티를 하자
고 해서 우리는 그 날 완전히 와인 독에 빠졌었다.

Cheers! Cheers! 건배! 건배!

120 너, 어디까지 가봤니? 넋,

쿠퍼페디(지하숙소)

호주의 광활한 Outback을 즐길수 있는 기회 !!

밤새 달리고 달려도 끝이 보이지 않는 호주 대륙... 그 곳에 Coober Pedy 가 있었다.

엘리스 스프링스 가기 전에 위치해 있고, 오팔 광산으로도 유명하다는 건 알고 있었지만, 망설이던 차에 여행자 친구의 추천으로 가보기로 했다.

건조한 황토사막의 한여름 기온은 때때로 $40°$를 넘나들었고, 오팔 채취하는 모습과 황량한 황무지에 골프장까지 갖추고 생활하는 모습, 불모지 같은 땅에 상상 이상으로 문명의 혜택을 받고 있다는 현실이 정말 놀라웠다.

은행, 슈퍼, 경찰서, 주유소.... 호주 원주민인 애버리진들이 길거리에서 방황하는 모습과 뒤엉켜 사는 모습, 쿠퍼페디는 호주 속의 또 다른 호주의 모습을 하고 있는 도시였다.

더불어 나를 놀라게 한 건 숙소가 지하에 있다는 사실이 흥미로웠다. 특별한 곳에 온 만큼 오팔채취라는 투어가 있어서 참여하게 되었고, 뜨거운 한낮의 태양아래에서 오팔을 찾겠다고 구부리고 앉아서 찾는 것도 흥미로웠다. 기념으로 내가 찾은 오팔로 목걸이를 만들었다. 지나칠뻔 한 잘 알려지지 않은 도시 쿠퍼페디. 그 곳엔 무언가 특별한 것이 있었다. 그래서 특별한 추억을 만들 수 있었다.

지구의 배꼽(Ayers Rock)-Kings Kanyon

지구의 중심에서 마음을 열고 외치다!!!

도시에서 도시로 가자면 15~20시간은 족히 걸렸겠지만, 중간 지점인 쿠퍼페디에서 8시간을 달려서 도착한 Alice springs … 바로 에어즈락, 원주민어로 울룰루를 보러가기 위해서다. 세상에서 가장 큰 단일 바위이자 6억 년전의 지각변동과 침식에 의하여 형성된 것으로 추정되는 암석들인데, 에어즈락은 Sunset, Sunrise 두 번을 봐야 제대로 봤다고 할 수 있다. Sunset은 날씨의 영향에 따라서 색깔의 변화가 수시로 바뀌는 카멜레온 같은 모습을 하고 있다. 짧은 찰나의 순간에 4가지 색으로 보인다고 기대를 잔뜩하고 기다리고 있는 사람들의 표정에서 비장함마저 느껴지는데, 오늘따라 흐려서 그저 붉게만 보였다. 황홀한 일몰은 사람들을 와인에 취하게 만들었고, 축제의 도가니로 빠져들게 했다. 옆에 있는 Kings Kanyon을 비추는 일몰 또한 굽이 굽이 협곡의 예술을 감상하기에 손색이 없었다. 호주의 그랜드 캐년이라 불릴만 했다. 사람들로 하여금 넋을 잃게 만들었다. 다음날 Sunrise의 차례.. 거대한 바위를 등반하기는 쉽지 않아 보였고, 때때로 위험하기까지 했지만 끝까지 포기하지 않고 정상에서 바라본 일출은 무아지경에 빠진 듯 감탄사도 나오질 않았다. 정신을 차리고 주위의 친구들과 사진 촬영을 할 때 다같이 소리를 질렀다.

야호!!! 각자 다른언어로.. 감동의 울림으로부터 조금씩 떨리는 목소리로...

장거리버스-그레이 하운드

호주를 누비는 Greyhound!!!

유럽에는 유레일패스 있고, 러시아에는 횡단열차가 있듯이, 호주에는 그레이하운드가 있다. 900개의 크고 작은 도시를 이어주고 호주의 중요한 교통수단이자 호주의 개별여행자 중에서 90% 이상을 차지할 만큼 이용자가 많다.

장거리 버스인 만큼 이동거리도 길어서, 기사가 2명이 한꺼번에 타서 번갈아 가면서 밤새 운전을 교대로 하는 경우도 흔한 일이다. 그리고 급한 용무로 인해서 고통을 받을 수 있기 때문에 화장실은 기본으로 갖춰져 있다. 때때로 기사가 가이드 몫을 할 때도 있어서 중요한 곳을 지날 때면 어김없이 마이크를 켜고 자세한 설명을 늘어 놓는다.

참고로 에어컨에 대비해서 긴 옷은 항상 준비해서 타야하고, 이불과 베개도 당연히 필수항목 중의 하나라고 할 수 있다.

긴 시간을 보낼만한 음악이나 간단히 읽을 수 있는 책, 또는 가이드 책 정도는 항상 가지고 타야 지루하지 않다. 끝으로 버스로 이동하는 만큼 힘들고 피곤할 수 있지만, 한 번쯤 장거리 버스를 타고 자기만의 시간을 가져보는 것도 나쁘지 않은 것 같다.

Sky diving을 하다

하늘에서 두 남자와 함께 뛰어 내리다!!!

항구도시답게 요트와 페리 등 다양한 엑티비티를 즐길 수 있는 도시 Townsville... 예전부터 번지점프 대신 한 번에 강한 스릴을 느끼려고 스카이 다이빙을 생각하고 있었다. 막상 결정을 하고 예약을 하고 시간이 다가올수록 초조해지고 긴장되기 시작했다. 겉으로는 태연한 척 속으로는 처음 시도하는 엑티비티여서 내심 걱정도 되었다. 간단한 숙지사항과 자세를 익힌 후 경비행기를 타고 하늘로 높이 더 높이 오르는 순간은 짜릿했다. 땅과 멀어지는 순간, 경비행기의 문이 없다는 걸 알았다.

그때부터 가슴은 방망이질을 하기 시작하더니 괜히 했나 싶은게, 살짝 후회도 되는 그야말로 만감이 교차되는 찰나의 순간, 카메라맨의 긴장을 풀어주려는 익살이 시작되고 , 나와같이 뛰어 내려야하는 여자씨는 나의 겁에 질린듯한 얼굴표정을 보고는 최종 점검과 자세, 그리고 마음을 안정시켜 주려고 애를 쓰고 있었다.

하나, 둘, 셋...

카메라맨이 먼저 뛰어내리고, 숨 돌릴 여유도 없이 나도 바로 뛰어내렸다. 우리는 하나가 되었다. 구름을 가르며 목이 터져라 비명을 지르기를 몇 초 지났을까?? 땅으로 곤두박질 치듯이 내리 꽂는 듯 내 몸은 이미 유체이탈 되는 듯 했다.

잠시 후 낙하산이 펴지면서 차렷 자세로 새가 된 듯 하늘을 가르면서 공중을 날아다니고 있었다. 그제서야 마음이 편안해지면서 무엇인가 보이기 시작했다. 멀리 보이는섬, 육지의 집들, 넓게 펼쳐진 바닷가, 작게 보이는 사람들이 놀랍고 신기해 보였다. 그리고는 나도 모르게 입에서 흘러나오는 감탄사, Good! Thank you! happy! 무사히 땅을 밟고 감동의 기운이 남아 있을때, 비디오 촬영을 위한 깜짝 인터뷰, 떨리는 목소리로 짧게 말한 뒤 난 감격의 눈물을 흘리고 말았다. 뺨으로 뭔가 뜨거운 액체가 계속 내리고 있었다.

잊지 못할 추억의 한 페이지를 꺼내보듯, 지금도 가끔 일그러진 사진과 비디오를 보면 코 끝이 찡하면서 눈망울이 촉촉해진다. 그리고 입가엔 미소가 번진다...

환상의 섬(프레이져 아일랜드)

Fraser lsland에서 한국노래를 듣다!!!

유네스코 세계자연유산으로 지정된 세계 최대의 모래섬.

열대우림과 경이로운 200여 개의 청정 호수를 가지고 있는 프레이져 아일랜드는 멕켄지 호수를 볼 수 있는 호주 동부지역의 최고 여행지로 꼽히고 있다. 첫 인상은 하얀 설탕같은 모래가 끝없이 펼쳐진 75마일 비치의 신비함, 하늘 끝까지 닿을 듯 쭉쭉 뻗은 아름드리 나무, 호수의 빛깔은 청청지역임 을 증명해주 듯 맑고 투명했다. 4륜구동 버스로 모랫길을 달리면서 바라보는 신비한 섬.. 울퉁불퉁한 길을

운전하는 모습은 여간 힘들어 보이지 않
았다. 안전벨트는 필수였다.

　점심은 뷔페식으로 만찬을 즐긴 기분
이었다. 옆자리의 현지인 할아버지께서
가벼운 눈 인사로 우리는 즐거운 대화로
시간을 보냈다. 울산에서 근무하셨다는
할아버지는 한국말을 잘하셨고, 유머와
위트로 분위기를 이끌어 나가셨다. 돌아
오는 페리안에서 석양을 보면서 할아버

지는 "인생은 미완성" "사랑해 당신을" 등등 한국 노래를 줄줄이 부르셨다.
한국에 대한 향수를 달래시는 듯, 행복한 듯, 외로워 보였다. 헤어짐이 아쉬
운 만남이었다. 연락처라도 받았어야 하는 건데... 이 노래들만 나오면 할아
버지의 노래가 듣고 싶고, 보고 싶다...

Sea World의 세계

　혼자라도 외롭지 않은 곳!!!
　바다를 주제로 아기자기하게 테마별로 꾸며놓은 공원, 씨월드... 수영복과
준비물을 챙겨서 Sea World로 걸어갔다. 가이드 책을 보고 순서를 정해서 다
녀야 할 만큼 넓고, 쇼들은 시간이 정해져 있어서 나름대로 스케줄이 필요했
다. 우선 최고의 관심사인 영리한 돌고래쇼를 보았고, 황금물개쇼의 재롱을

본 다음, 수상스키의 시원한 쇼와 3차원 입체영화까지... 마치 동심의 세계로 빠진 듯 마냥 신나게 다녔다. 롤러코스터와 해적선 등 놀이기구는 있는 대로 모두 접수했다. 원래 겁이 많은데 그날은 뭐에 홀린 듯 무섭지가 않았다. 온통 가족과 연인 친구들인데 나만 혼자였다. 그래도 전혀 심심하거나 외롭다고 느끼지 못했다. 씨월드에서는 가능했다.

　가족끼리 여행을 가셨다면 이 곳을 꼭 추천해 드리고 싶네요. 하루종일 웃을 수 있었기 때문이지요...^^

San francisco
Yosemite
Grand canyon
Las vegas
Universal studio
San diego

Part 6
미국 서부

광활한 땅 미국
샌프란시스코
요세미티 국립공원
그랜드캐년
라스베가스
유니버셜 스튜디오
샌디에고
역시 미국은 미국이다

AMERICAN WEST

광활한 땅, 미국

미국(美國), United States of America, USA, US

미국을 수식하는 단어들이다. 지구상에서 우리가 모르는 나라가 있지만, 미국을 모르는 사람은 아마 드물 것이다. 그만큼 세계의 중심에 있는 나라가 미국이다.

북아메리카 대륙의 48개 주와 알래스카, 하와이의 외부 2개 주로 구성된 국가, 세계에서 4번째로 넓은 면적을 가지고 있는 나라가 미국이다. 미국을 여행하려면 첫째는 교통을 생각해야만 한다. 어떤 교통수단을 이용하느냐에 따라서 여행의 패턴은 달라지기 때문이다. 캠핑카, 자동차, 버스, 기차, 비행기까지 다양하다. 횡단이니 종단이니 하면서 루트를 짜는 이유도 넓은 미국을 꼼꼼히 여행하려는 매니아들의 철저한 준비과정이라 할 수 있다. 버스를 이용하게 된 서부여행이었는데, 이동거리에 놀라고 끝도 없이 펼쳐지는 살아 있는 대지와 곧게 뻗은 고속도로가 어마어마한 크기를 실감케하는 대목이다.

이해하기 쉽게 표기를 하자면, 한반도의 약 43배의 크기를 갖고 있다. 땅
덩어리에서부터 거대함으로 위협하는 미국을 우리는 한 나라이기 전에 광활
한 대지를 차지하고 있는 미국이 한없이 부러울 따름이다. 작지만 큰 위력을
발휘할 수 있도록 노력하지 않으면 안될 듯하다.
　　작은 고추가 맵듯이...

서부여행의 시작은 샌프란시스코에서부터

If you're going to San Francisco... Be sure to wear some flowers in your hair... Scott McKenzie의 노래 'San Francisco'는 흔히 알고 있는 추억의 팝송이자 나의 서부 여행의 시작을 알리는 잊을 수 없는 노래다.

미국 캘리포니아주 중부의 서해안에 있는 상공업 도시로서, 미국에서 14번째로 큰 도시이며 캘리포니아에서 4번째로 큰 도시이다. 우선 pier39에서 유람선을 타고, 샌프란시스코의 상징인 금문교(Golden Gate Bridge)를 보고 나니 더욱 흥미로워졌다. 트윈픽스에서는 샌프란시스코를 한 눈에 전망할 수 있는 곳으로서 필수코스가 되었고, 빼놓을 수 없는 유명한 게이거리는 호기심이 많은 사람들은 가볍게 가볼만한 곳이다.

도시가 언덕으로 되어있어서 트램을 타고 다니는 모습은 사진이나 영화에서 볼 수있는 장면으로 잘 알려져있다. 사랑의 도시, 낭만의 도시, 꿈이 있는 도시 샌프란시스코...

샌프란시스코에서 샌디에고까지 멋진 여정은 시작됐고, 노래는 여행이 끝날 때까지 내 입가에 맴돌았다. 콧노래와 함께...

132 너, 어디까지 가봤니? 낭,

요세미티 국립공원에서 자연을 배우다

Yosemite National Park

캘리포니아 주에 있는 국립공원으로 유네스코 세계유산으로 지정된 곳이다. 특이한 상징물이 된 하프돔(Half Dome)과 야생 동물의 천국으로 유명한 요세미티 국립공원은 사시사철 산림과 초원을 물들이고 있다. 천 피트 폭포와 웅장한 바위, 그리고 울창한 삼림 속 나무들은 몇 사람이 빙둘러 손을 잡고 둘레를 감싸야 할 정도로 거대했으며 오랜세월 잘 보존되고, 유지되어 있었다. 200종 이상의 야생 조류와 75종에 이르는 포유 동물이 서식하고 있는 야생 동물의 낙원이기도 한 요세미티에서 관광객들이 가장 많이 찾는 지역으로 밸리지역을 꼽는다. 연간 4백만 명의 방문자가 이 곳을 다녀간다고 하니, 미국인들만의 공원이 아닌 세계인의 공원임에 틀림없다. 공원관리인의 철저한 관리와 미국 시민의 자연사랑, 아울러 관광객들의 높은 의식 수준이 만들어 내는 하나의 약속임을 잊어서는 안될 것이다.

이렇게 자연을 사랑하고 가꾸고 보살폈기에 감동을 받고 소중함을 깨닫게 되는게 아닐까? 우리는 자연에서 보고 배우는 게 참 많다. 그러기 때문에 다시 자연으로 되돌려 줘야한다.

그랜드캐년에서 눈물을 흘리다

　여러분은 언제 감동의 눈물을 흘리시나요??

　Grand Canyon !! 태고의 신비를 간직하고 있는 세계 7대 불가사의 중의 하나인 그랜드 캐년은 자연의 위대함과 신비로움을 고스란히 간직하고 있는 곳이죠.

　그랜드 캐년은 4억 년이 넘는 세월동안 콜로라도 강의 급류가 만들어낸 대협곡으로 446km에 걸쳐 펼쳐져 있고, 해발 고도가 2,133m에 이른다고 합니다. 영국 BBC에서 '죽기 전에 가봐야 할 곳' 1위로 선정하기도 한 이 곳은 다른 설명이 필요없을 정도로 우리에게 잘 알려진 곳이예요.

서부여행에서 그 곳을 안가 볼 수 없겠죠. 우리를 안내하는 가이드는 이 곳을 처음 왔을때 한없는 눈물이 흘렀다고 버스 안에서 이미 장황하게 설명을 늘어 놓았죠. 도착했을 때 햇빛이 쨍쨍, 날씨가 맑아서 비행을 준비하고 있는데, 코끝이 찡하면서 가슴에서 뭉클함이 끓어오를 때, 갑자기 먹구름이 끼기 시작 하더니, 한치 앞도 볼 수 없이 금세 그랜드캐넌 전체를 검게 물들이고는 장대비가 쏟아지는 바람에 협곡의 장관은 포기할 수 밖에 없었어요. 장대비와 함께 내 뺨으로 흐르는 뜨거운 무언가 만을 느낄수 있는 시간. 다행히 운좋게 짧은 5분 사이에 사진으로 나마 몇 장 담을 수 있었지만, 뒤이어서 계속 관광객들은 몰려왔고, 그냥 발길을 돌리는 뒷모습이 안타까워 보였답니다.

언제 또 이 곳을 죽기 전에 올 수 있을까요? 그 감동을 다시 한 번 느끼고 싶습니다. 그 때도 눈물을 흘릴 것 같습니다...

라스베가스에서 화려한 밤을

사막에서 다시 태어난 라스베가스!!!

네바다 주의 주요도시 Las Vegas… 라스베가스는 '초원'이라는 뜻의 이름에 걸맞게 메마른 땅에 단비와 같은 부와 명성을 차지한 기적과도 같은 도시인 것 같다.

도시는 고급 호텔과 특이한 카지노 도박장이 즐비하며, 이국적인 무대에서 유명 연예인의 콘서트 때문에 '환락가'로 알려져 있고, 연중 무휴의 뭔가 특별함을 간직하고 있는 듯한 사막 휴양지로서 매우 유명하기 때문이다.

우리나라의 유명 브랜드 전자 회사의 홍보를 알리는 화려한 쇼와 간판을 보면서, 여러나라와 경쟁하며 치열하게 싸우고 있는 모습에서 세계 속의 라스베가스를 실감하게 했다.

세계 4대쇼를 볼 수 있는 곳, 벨라지오 분수쇼를 볼 수 있는 곳, 카지노의 잭팟 돌아가는 소리를 들을 수 있는 곳, 독특한 호텔을 구경할 수 있는 곳, 지루함을 모르고, 시간가는 줄 모르게 되는 곳, 이 곳이 라스베가스다.

낮과 밤의 얼굴이 다른 곳이지만, 뭐니 뭐니해도 밤의 화려함에 빠져보는 게 어떨까 싶다. 황홀한 야경을 보면서…

유니버셜 스튜디오에서 미국 영화의 미래를 보다

Universal Studios Hollywood!! 영화 좋아 하세요? 환상적인 영화의 세계로 들어가 보실래요? 세계 최대의 영화촬영소 및 TV 촬영 스튜디오로 킹콩,

조스, 케빈 코스트너 주연의 워터월드, 백투더퓨쳐, 미이라, 터미네이터2 등 생생한 영화세트를 관람할 수 있고, 다양한 놀이기구를 즐길 수도 있는 테마파크 뿐만 아니라 미국 영화산업을 한 눈에 볼 수 있는 곳이 바로 유니버셜 스튜디오랍니다.

트램투어(Tram Tour), 스튜디오 센터(Studio Center), 엔터테인먼트 센터(Entertainment Center), 세 곳 중에서 가장 인기있는 곳으로서 '백 투 더 퓨쳐(Back to the Future)', '터미네이터(Terminator)', '워터월드(Water World)'를 비롯해서 다섯가지 종류의 다양한 쇼를 관람 할 수 있는 곳이기도 하고요.

세계인의 감동과 스릴과 액션, 스펙타클했던 명장면을 한 눈에 볼 수 있고, 어린이들한테는 영화에 대한 꿈을 키워 줄 수 있고, 상상의 나래를 마음껏 펼칠 수 있는 곳이라 할 수 있죠. 오늘날 영화의 메카로 자리매김 할 수 있었던 것도 이런 베이스가 있었기 때문이 아닐까 싶구요. 미국인의 영화사랑을 느낄수 있어서 좋답니다. 영화를 좋아하는 아니 사랑하는 사람이라면 꼭 들려봐야 할 곳 중 하나라고 생각하면서 앞으로도 미국의 영화산업은 밝을 것으로 감히 전망 할 수 있을 것 같아요. 그럼 저와 함께 멋진 영화 한 편 보실래요? 유니버셜 스튜디오를 떠올리면서...

샌디에고에서 돌고래와 놀다

태평양 연안의 항구도시 샌디에고... 세계에서 가장 큐모가 큰 해양테마파크라는 명성을 가지고 있고, 멕시코와 인접해 있어서 경제, 산업의 중심지로도 자리를 잡고 있으며, 미국 육군·해군의 중요 기지로도 알려져 있는곳 샌디에고(San Diego)...

샌디에고에서의 추억은 씨월드(Seaworld)에서 시작된다. 우선 최대를 자랑하는 만큼 규모가 놀랍고, 각종 희귀한 동, 식물들이 아이들의 호기심을 자극하듯 곳곳에 마련되어 있고, 지루함을 달래기 위한 각종 쇼들로 관람객들을 유혹하고 있다. 우선 스케일이 큰 무대가 우리를 압도하더니, 돌고래의 재롱과 영리함을 보여주는 훌륭한 쇼가 눈앞에 펼쳐지면서 사람들의 함성을 자아내기에 충분했다. 관람객들과 함께 호흡하는 시간도 있어서 아이들의 시선을 끌었다.

물개쇼는 또 어떠한가? 훈련된 몸짓을 뽐내면서 매끄럽게 물 속을 드나드는 모습은 자연스럽게 입가에 미소를 머금케 한다.

그 뿐인가? 펭귄의 아장아장 걷는 모습을 보고 있으면 남극에 온 듯한 착각을 일으키기도 한다.

　씨월드를 떠날때 쯤이면 입가에 스마일이 그려
져서 나올 것이다.

　돌고래의 웃는 모습처럼...

역시 미국은 미국이다

아메리칸 드림!!!

　한때는 한국사람들 사이에서 이 단어가 유행처럼 번졌을 때가 있었다. 그
때 당시에 미국으로 건너간 사람들은 성공한 사람과 그렇지 못한 사람으로
나눠졌다. 과연 우리나라에서만 국한된 얘기일까? 아니다. 전세계 사람들이
똑같은 생각을 하고 있을 것이다. 기회의 땅으로까지 알려졌던 미국...

　그런 이미지를 갖고 있는 곳이 바로 미국이다. 경제대국의 표본이자 세계
를 뒤흔들 수 있는 파워를 가지고 있기에 달러의 가치와 영어의 중요성을 익
히 알고 있을 것이다. 아마 미국을 한 번이라도 경험한 사람이라면 비슷한 생
각을 하고 있을 것이다. 이제는 우리나라도 경제성장을 한 탓에 아메리칸 드
림은 거의 없어졌지만, 아직까지도 자녀의 교육을 고민하는 분들은 첫 번째
로 미국을 떠올릴 것으로 생각된다.

　미국을 100% 옹호하자는게 아니라 좋은점을 빨리 받아들여서 작지만 모든
면에서 미국을 앞지를 수 있는 힘을 기르자는 의미에서다. 모든나라 사람들
이 '코리안 드림' 을 이루기를 희망하면서...

Philippines
Singapore
Malaysia
Thailand
Cambodia
Vietnam
Hongkong

Part 7
필리핀, 동남아시아

필리핀 어학연수
싱가폴
말레이시아
태국
캄보디아
베트남
홍콩

PHILIPPINES LANGUAGE STUDY

어학연수 3개월을 돌아보며

늦은 나이에 어학연수를 간다는건 쉽지 않은 결정이었다.

그 동안 한국에서도 영어에 대한 열정은 있어서 시간을 쪼개서 꾸준히 배움의 시간을 보냈지만 잠깐씩 배우는건 도리어 힘들기만 했다. 그래서 3개월이라는 짧지 않은 기간동안 영어에만 전념하고자 결정을 한것이다. 물가도 저렴하고, 추위에 약한 나로서는 더운나라가 좋았고, 무엇보다 기초를 다지기에는 개인수업(튜터) 만한 게 없는 것 같아서 필리핀으로 가기로 했다.

여행을 했던 노하우가 있어서 그다지 낯설다는 생각은 없었지만, 공부를 한다는건 그것도 영어를 배운다는 거에 조금은 부담감이 있었다. 모든 준비를 마치고 드디어 필리핀, 마닐라로 입성하는날, 공항을 나오는 순간 숨이 차오를듯한 열기가 내몸을 감쌌고, 총을 든 경찰들의 삼엄한 경계의 눈초리는 날 오그라들게 했다.

첫 인상은 그랬다. 우선 더위에 몸을 적응시키고, 짐 정리를 한다음 정착할 수 있는 정보를 숙지하고 본격적으로 튜터를 고용했다.

처음부터 필리핀에서는 학원은 안다니려고 생각하고 왔었다. 스케줄은 타이트하게 해보았다. 발음, 회화, 문법으로 나눠서 각각 2시간씩 선생님 3명을 두고 하루에 총 6시간을 했다. 그리고 복습과 예습까지 처음에는 체력도 되었고, 재미도 있어서 밀어 부쳤다. 한 달 후 체력이 조금씩 떨어지면서 능률이 낮아지는걸 느끼고 발음을 빼고 회화와 문법으로만 집중적으로 했다. 실력은 조금씩 조금씩 나아지면서 자신감이 생기더니 현지인들과도 짧게나마 대화를 하게 돼서 친구들도 사귀게 되는 계기가 많아졌고, 일부러 상점에서 물어보고, 마트에서 물어보고, 길도 물어보고, 여행다니면서 회화는 조금 하는 정도라고 생각했는데, 이제는 제법 말도 길어지고 단어를 많이 알게 된 것 같아서 흥미를 느끼게 되었다.

서서히 필리핀의 날씨, 음식 등에 적응할때 쯤, 영어에 대한 배움의 가속도가 붙었고, 3개월 쯤에는 문법책 한 권을 마스터했고, 회화는 상황연출과 짧은 동화책 등을 읽으면서 적응을 시켰다. 난 나름대로 알차게 보냈다고 생각한다. 좋은 현지인 친구들도 만나고, 틈틈이 여행을 하면서 멋진 추억도 만들고, 무엇보다 어학연수의 타이틀을 걸고 온 만큼 성과는 성공적이라 생각한다. 영어를 어떻게 배워야 잘 할수 있는지에 대한 물음에는 정답은 없는 것 같다. 각자 노력하고 반복하고 꾸준히 하는 것 밖에는... 일단 영어에 대한 울렁증과 공포심을 없애고 열심히 최선을 다하면 좋은 결과를 모두 가져갈수 있으리라 믿는다. 순전히 각자의 몫이니까...

어학연수를 어디로 갈까 고민하시는 분들을 위해서 내가 경험한 내용을 요약해서 알려드렸다.

　필리핀을 거쳐서 미국, 캐나다, 호주로 이어서 가시는 분들도 많다고 한다. 처음 시작하시는 분들이나 영어의 맛보기를 원하시는 분들, 그리고 무엇보다 저렴한 비용을 원하시는 분들은 주저하지 마시고 필리핀으로 결정하시는 건 어떨까?? 강력히 적극 추천합니다.

SINGAPORE

여기는 싱가폴!

　동남아시아 순회를 하기위해 첫발을 내딛은 곳, 싱가폴... 새벽에 공항에 도착해서 버스를 기다리는 동안 중국인 남자를 만났다. 싱가폴에 거주해서 인지 자세히 설명을 해주었다.

　새벽 5시... 또 기차를 기다리는 동안 호주에 사는 남자를 만났다. 다음 코스인 태국에 대해서 꼼꼼히 이것저것 설명을 자세히 해주었다.

　새벽 6시... 이렇듯 여행은 길에서 만난 사람들과 인연이 돼서 뜻밖의 정보를 얻을 수 있는 선물을 받는다. 난 드디어 시내로 들어왔다. 첫 느낌은 깨끗함과 울창한 빌딩숲, 현대적인 도시였다. 싱가폴을 여행하는 기간은 공교롭게도 황금연휴여서 숙소는 비쌌고, 더구나 구하기도 힘들었다. 우선 싱가폴의 상징이며 사진에 항상 등장하는곳 머라이언 공원(Merlion Park)으로 달려갔다.

　머리는 사자, 몸은 물고기인 머라이언은 상상의 동물로서 사자 'Lion'과
항구도시의 이미지를 나타내는 인어 'Mermaid'를 조합해 만들어졌다고 했
다. 그리고 City hall에서부터 주변을 본 다음 Clacke quay, China town,
Little india, Chinese garden, Japanese garden 등등... 구석구석 찾아다녔
다면, 마지막으로 빼놓을 수 없는 싱가폴의 볼거리는 오차드로드라 할 수 있
다. 쇼핑의 중심, 교통의 중심이어서 우리나라 청담동같은 느낌이랄까?? 그
러나 뭐니뭐니해도 싱가폴은 낮에는 깨끗하지만 밤엔 화려함을 간직하고 있
는 두 얼굴의 도시였다. 마치 머라이언상의 두 가지 모습처럼 말이다...

Sentosa Island

섬 전체를 공원화한 관광지!!!

수영장, 편의시설이 완벽하게 되어있는 가족 단위의 리조트였다. 역시 이름난 곳은 관광객들로 붐볐다. 워낙 광범위한 곳이어서 순서를 정해서 다녀야 시간을 효율적으로 활용할 수 있었다. 먼저 Under water world로 가기로 했다. 다음은 동물들을 구경하고 전망대로 갔다. 다시 트레인을 타고 Palawan beach, Tanjong beach에서 일광욕을 하고 케이블카를 탔다. 발 아래는 아찔하고 스릴있었다.

Jazz by the beach라는 공연을 보기위해 기다리는 도중에 잠시 2층 버스를 타고 한바퀴 돌아보니 기분까지 상쾌했다. Jazz의 선율은 아직까지 귓가에 맴도는 듯 선명하게 남아있다. 분수쇼(Song of sea)를 보려고 트레인을 탔다. 화려한 분수쇼는 관광객들의 입에서 탄성을 자아내게 했다.

마지막 하이라이트를 장식하는 듯 볼거리가 다양했다. 산토사 아일랜드에도 머라이언 조형물이 있었다. 조명을 받아서 그런지 오묘한 분위기를 내면서 사람들을 유혹하는 듯 했다. 야경과 함께 하루를 즐길수 있는 곳으로 신혼여행지로 좋을 것 같다는 생각에 잠시 나의 미래를 생각해 봤다. 돌아오는 길에 Clarke quay의 밤 분위기도 로맨틱했다. 오늘은 로맨틱, 환상, 화려한 야경을 주제로 하루를 보낸 것 같다. Sentosa Island는 그런 곳이었다...

싱가폴에서 만난 네팔친구

아직은 낯선 나라 네팔!!!

숙소에서 만난 네팔남자(Chan)는 트레킹에 대한 얘기로 열변을 토하고 있었다. 나를 보자마자 히말라야 산의 멋진 풍경이 담긴 사진을 보여주면서 여행을 좋아하면 꼭 한 번 가보라는 조언도 아끼지 않았다. 네팔, 아니 히말라야를 사랑하는 사람 같아보였다. 그러

나 네팔은 나와는 먼나라 얘기로 들렸고, 이번 여행루트에 끼어있지도 않았다. 하지만 그 남자의 강력추천으로 나중에 꼭 가기로 약속을 했고, 그가 일한다는 레스토랑에 초대를 받았다.

다음날 저녁무렵 그 친구가 일하고 있는 'The song of india'로 갔는데, 음료수 한 잔 마시고 바쁜 것 같아서 그냥 숙소로 돌아와서 시간에 맞춰서

터미널로 갔다. 고맙다는 인사를 하고 싶었지만 전하지 못했다. 말레이시아로 가는 버스가 출발하기 10분 전에 그 친구가 급하게 달려왔다. 음료수를 사주면서 아쉬운 눈빛으로 보내기 싫어하는 눈치였다. 아쉬움을 뒤로 하고 난 떠나야했고, 그 친구는 버스에서 점점 더 멀어져 보였다.

그리고 한참 후,

난 세계일주를 계획하면서 네팔을 여행루트에 넣었다. 히말라야 트레킹을 하기 위해서였다. 결과는 대만족, 성공적이었고, 또 가고 싶은 나라로 손꼽힐 정도가 되었다. 어쩌면 그 때 이미 네팔은 내 기억 속으로 들어왔었는지 모른다. 늦었지만 꼭 이 말은 전하고 싶다. 고마워! Chan!!!

싱가폴을 떠나다

싱가폴 안녕!!!

밤 버스에 몸을 실었다. 싱가폴을 뒤로 하고 말레이시아로 가기 위해서였다. 밤 12시쯤 한숨 자고 있을때 쯤 조호마루에서 출발하는 곳에서 잠이 확 깼다.

버스에서 모두 내려서 심사를 받았고, 모두들 쉽게 통과 되었다. 그런데 내 차례에서 날 괴롭히듯 질문공세가 이어졌다. 북한사람이냐 남한사람이냐 에서부터 질문을 하더니 티켓이며 소지품을 하나하나 검사를 하는 것이다. 사무실 같은 곳에서 또 한참을 대기하고 질문하기를 반복하고 자기들끼리 뭐라고 쑥덕거리고, 그때서야 난 기분이 나빠지기 시작했지만 기다릴수 밖에 다른 방법이 없었다.

한참 후 오케이 사인이 떨어졌다. 나 하나로 인해서 버스의 일행들은 1시간 정도 기다려야 했다. 그런데도 불평 한마디 하는 사람 없이 날 걱정해 주는 게 아닌가?? 여행자의 마음은 한결같이 하나였다. 이번처럼 어렵게 통과되기는 처음이었다. 당황스러웠지만 난 담담하게 대처했던것 같았다.그리고 다시 Immgration을 짐과 함께 통과하고 나서 무사히 말레이시아 쿠알라룸푸르로 갈 수 있었다. 한국사람이라면 한 번쯤 여행하다가 받는 질문이 있을 것이다.

South Korea??? North Korea???

Hostel에서 생긴 일

힘든 통과의례를 마치고, 밤새도록 버스는 달려서 새벽 6시에 나를 쿠알라 룸푸르에 내려줬다.

정신없이 잔 탓에 머리는 엉망이고 얼굴은 핼쓱해졌다. 초췌한 모습으로 가이드책자에 나와있는 숙소를 찾았지만, 방이 없어서 쇼파에서 기다려야 했다.

잠은 또 쏟아졌고, 늘어지게 한숨 자고, 10시 30분쯤 겨우 방을 배정 받을

수 있었다. 그 곳이 바로 Sharm이 데스크에서 일하고 있는 Putu hostel이었다. 그 때부터 샴은 나를 주시하고 있있던 것 같았다.

한국인이 운영하는 곳이라 주인 아저씨가 잘해주셨다. 내가 한국인 인줄 알고 샴도 친절히 안내해 주고 버스티켓

까지 예매해 줬다. 항상 웃는 얼굴로 나를 대해줬고, 내가 필요한 건 바로 해결해 줬고, 내가 뭘 원하는지 궁금해 했다. 마지막 날에는 호스텔 옥상에서 야경을 구경시켜 줬다. 내가 처음이라고 하면서 조심스럽게 안내해 줬다. 야경은 생각보다 멋있었고, 열심히 설명하는 모습이 멋있었다. 샴은 항상 나한테 주기만 했고, 난 받기만 했던 것 같다. 우린 헤어졌지만 아직까지 메일로 안부를 묻고 있다. 샴은 같은 질문만 한다.

언제 또 쿠알라룸푸르에 오냐고...

페트로나즈 트윈타워!

말레이시아의 수도 쿠알라룸푸르의 상징 Petronas Twin Towers!!!
이 건물은 대한민국과 일본의 회사가 공동으로 지은 것이며, 양측이 상대보다 빨리 건설하기 위해 경쟁한 것으로 유명하다고 합니다.
대한민국의 삼성건설(현재는 삼성물산과 합병하여 삼성물산 건설부문)과 극동건설, 말레이시아의 자사테라사가 공동으로 2번 타워를 건설하였고, 일본의 하자마건설이 주축이 된 일본계 컨소시엄이 1번 타워를 건설하였습니다.
451.9m의 높이로 1998년에 준공된 쌍둥이 빌딩으로서 지상 88층, 지하 6층으로 되어있으며, 스카이 브릿지로 연결되어 있어서, 관광객들은 신청만 하면 공짜로 2번 타워 41층 구름다리 전망대에서 구경할 수 있습니다. 나도

152 너, 어디까지 가봤니? 낳,

당연히 그 곳을 밟아봤습니다.

시내 어디에서나 우뚝 서 있는 쿠알라룸푸르의 자랑 쌍둥이 빌딩을 볼 수 있고, 전망대에서 바라보는 전경은 아시아의 중심인 듯 보였습니다. 한편, 낮과 밤의 모습이 확연히 틀려서, 밤에는 화려한 조명 아래에서 야경을 감상하고 있자니, 부럽기까지 했습니다. 우리나라에도 상징적인 빌딩이 하나 쯤 있었으면 하는 바람으로 말입니다.

THAILAND

Novotel에서 휴식

럭셔리한 여행!!!

태국(핫야이)에 도착한 시각은 아침 7시 30분,

이번에도 밤새 달려와서인지 몸이 지쳐 있었다. 쑤랏타니로 가는 버스티켓을 예매하고 쉬고 싶어서 Novotel호텔로 숙소를 정했다. 생각보다는 저렴했다.

수영장, 사우나, 운동기구 등등 모든 걸 이용하면서 모처럼 휴식을 즐겼다. 헬스장에서는 한국노래가 흘러나왔다. 웬지 모를 반가움에 모르는 노래지만 따라 불렀다. 맛사지도 받았다. 여행에서 지친 몸을 하루 쯤 편하게 보내는 것도 지혜가 아닐까 싶다. 저녁은 뷔페에서 영양을 충분히 섭취했고 재충전의 시간을 보냈다.

편안한 잠자리여서인지 아침 8시쯤 눈이 떠졌다. 다시 헬스장으로 가서 신나게 뛰고난 뒤 다시 사우나로 몸을 풀고 썬텐을 했다.

본전은 충분히 뽑은 셈이었다. 어느 여행이 더 즐겁고 행복하다고는 할 수 없지만, 각자의 자금 사정과 여행 형태에 따라서 다를 것이다. 결론은 재충전의 시간은 반드시 필요하다는 것이다.

꼭 오늘처럼만...

쏭크란 축제

"싸왓디 삐 마이캅, 촉디나 캅"!!!

"새해 복 많이 받으세요" 의 뜻을 가지고 있다고 하네요...

쏭크란 축제(4월13일-15일)란 태국 제1의 축제이자 명절인데요, 물을 뿌려줌으로 해서 축복을 주고, 불행을 쫓는 일종의 의식이라고 하네요...

"쏭크란"은 움직인다는 뜻의 산스크리트어에서 유래되었고, 태양이 움직이는 새로운 날의 시작을 의미한다고 하구요... 내가 도착한 날부터 물의 전쟁은 시작되었죠. 갑자기 물총으로 몸을 집중 공격 하더니 석회석을 얼굴에 바르고 웃는게 아니겠어요??

처음에는 당황하고 화도 났지만 모든 사람들이 똑같은 모습을 하고 있어서 적응도 됐고, 이제는 즐기는 경지까지 갔죠... 관광객들은 축제를 즐기기 위해서 각 나라에서 몰려왔고, 카오산로드는 그야말로 물바다가 된 듯 물에 빠진 생쥐들로 가득했죠. 우리는 물로 인해서 하나가 되었어요... 그 어떤 사람도 예외가 될수 없고 피해갈 수 없어요. 모두들 미친 듯 열정적으로 축제를 즐기고 있네요...

이제는 태국의 명절이 아닌 세계인의 축제가 된 듯 보여요. 우리나라에서 이같은 축제는 무엇이 있을까요???

치앙마이 트레킹

태국 제2의 도시 치앙마이(Chiang Mai)!! 해발 300m가 넘는 산악지대로서 고산족 트레킹으로 잘 알려져있다. 쏭크란때문에 교통이 원활하지 않아서 기차로 가기로 하고 예약을 했다. 기차를 기다리는데 태국여자들은 한국드라마에 대한 관심이 높았고, 한류 열풍을 실감 할 수 있었다.

침대칸이어서 편히 잘 수 있었고, 12시간 후에 치앙마이에 도착했다. 이

156 너, 어디까지 가봤니? 낭,

곳에서도 쏭크란은 이어져서 첫 인사가 물총이었다. 깐똑 디너쇼는 음식은 야채와 치킨 등 우리나라 밥상에 몇 가지 차려져 나왔고, 쇼는 전통춤 이었는데 화려한 의상과 함께 내가 이방인 임을 느끼게 했다.

다음날 트레킹으로 향하는 버스 안에는 다른 한국인 남자가 탔고, 우리 둘 뿐이었다. 반가웠고, 한가로워서 분위기가 좋았다. 1시간쯤 이동 후에 본격적으로 트레킹이 시작되었다. 먼저 코끼리를 탔는데, 처음 타보는 코끼리여서 무서웠는데 아슬아슬 훈련이 된 상태여서 익숙한 솜씨로 우리를 안내해줬다. 바나나를 주니까 계속 달래는 모습이 너무 귀여워서 무서움은 사라졌다. 40~50분쯤 타고난 후 차로 이동 후 대나무 뗏목을 탔는데, 청바지가 젖었다. 그래도 짜릿한 순간순간들이었다. 그리고 다시 차로 이동 후 걸어서 고산족들의 마을로 가서 그들의 생활을 보았다. 스카프나 원피스 등 직물로된 것들을 손으로 직접 만들어서 팔고 있었다. 더위에 지친몸이었는데 시원한 폭포를 만나서 잠시 휴식 후 다시 기차역으로 이동하는 걸로 트레킹은 끝났다.

돌아가는 기차는 1등석이었고, 4시 30분 출발 신호와 함께 치앙마이를 떠났다. 트레킹은 언제나 새로운 문화와 삶을 접하게 해준다. 치앙마이 또한 그랬다...

길에서 만나다

안녕하세요?? 한국분이세요??

여행을 하다보면 일일투어를 하게 되고, 그러다 보면 한국사람을 종종 만나게 된다. 혼자 온 사람들끼리는 뭔가 통하는 구석이 있는 것 같아 보인다.

유적지 투어를 갈때 만났다. 아유타야에 도착, 미국에서 혼자 왔다고 했다. 수상시장 투어를 갈때 만났다. 한국에서 혼자왔다고 했다. 우리는 모두 혼자였고, 짠짜나부리에서 쾅이강의 다리까지 우리는 뭔가 통하는 게 있었는지 함께 다녔다. 수상시장은 말그대로 물 위에서 과일, 옷, 기념품 등을 파는 모습이 이색적이었다.

날씨는 무더워서 물과 음료수로 배를 채운 듯 하다. 더위를 먹은 듯 식사도 맞지 않았고 몸은 최악이었다.

우리는 카오산로드에서 다시 만나서 시내 한인타운으로 갔다. 미국에서 오셨다는 분이 한턱

내신다고 실컷 먹으라고 하셨다. 삼겹살, 김치찌개, 된장찌개, 파전은 서비스로... 한국음식이 그리울 타이밍에 배불리 먹었다. 여행을 하다보면 어느 누구든 친화력이 대단해진다. 더구나 아무리 생각해봐도 나한테는 인덕이라

는 좋은 운명이 따라 다니는 것 같았다.
타이 맛사지로 하루를 마무리했다.

카오산로드에서

태국에 가시면 Khaosan Road에 꼭 가보세요!!!

동,서양의 젊은이들이 다 모인듯 여러 인종과 더불어서 많은 볼거리를 제공하고 있었다. 배낭여행자들의 집결지이자 영원한 안식처.. 백팩커들의 베이스캠프... 그 어떤 수식어로도 손색이 없을 만큼 카오산로드는 독특함과 특별한 색깔을 가지고 있었다. 여행의 시작점이자 마지막 종착지라서 태국에 온 사람들은 거쳐가게 되는 통과의례가 된 것이다. 그래서 카오산로드에서 만난 사람들은 금방 친구가 되고 친해지게 된다.

다양함을 인정하고 특별함을 존중해 주는 여행자 특별자치구역인 셈이다.
길거리 포장마차처럼 태국의 서민음식을 팔거나, 군데군데 타누, 헤나, 레게 머리를 하거나, 여러 종류의 풍성한 과일을 팔거나, 값싼 기념품을 팔거나, 맥주를 마시거나, 맛사지를 하거나, 음악을 듣거나, 춤을 추거나 등등... 그 곳에선 무엇을 하든 자연스러운 모습으로 비춰진다. 자유로운 영혼들의 집합체라서 그런가???

숙소에서 만난 인연

인연은 만드는 것!!!

한국인이 운영하는 호스텔로 찾아갔다. 가이드책에는 근사하게 소개되어 있었고, 위치도 괜찮고 해서 그 곳에 묵기로 결정을 했다. 그러나 내용과는 사뭇 달랐고, 주인도 불친절하고 시설도 그다지 좋지 않았다. 그런데 괜찮은 한국인 남자가 알바를 하고 있었다.

옮길까도 생각해 봤지만 사람이 좋아서 그냥 있기로 했다. 더위를 먹은 듯 식사도 제대로 못하고 최악의 컨디션을 하고 있을 때, 그 친구는 저녁을 같이 먹자면서 된장찌개를 끓여주는 게 아닌가? 난 허겁지겁 먹고는 감기약을 챙겨 먹고 바로 잠들었다. 다음날 상태는 호전되었고, 우리는 많은 애기를 나누었다. 종교, 정치, 사랑, 여행.... 그 친구는 나보다 한참 아래였지만 너무나 잘 통했다. 마치 오래 전부터 아는 사이인 것처럼... 여행은 다양한 사람들과 소통할 수 있는 계기를 만들어 주기도 한다. 인연은 기다리는게 아니고 다가가는 걸 그때 알았다. 우리는 지금도 가끔 아주 가끔 연락을 하면서 산다. 잊혀지지 않을 만큼만.....

파타야에서

Let's go Pattaya!!! 베트남전 당시 미군의 휴양지로 개발되기 시작하여 현재 세계적으로 유명한 관광지로 발전한 파타야는 밤에는 너무 화려해서 유흥가에 가깝다고 하던데, 난 일일투어로 낮에만 다녀왔다.

그 동안 섬, 바닷가, 호수의 멋진 풍경은 많이 보았지만, 섬은 갈때마다 설레이는 건 왜 일까?? 버스를 타고, 배를 타고 도착한 곳은 역시나 물빛이 투명했고, 경관이 아름다웠다. 바로 수영복으로 갈아입고 일광욕을 한 후, 점심으로 Sea food가 바베큐처럼 다양한 메뉴로 나의 식욕을 땡겼다. 다시 일광욕을 하고 있는데, 옆 자리에 까만 피부색 까만 눈동자의 까만 머리카락을 한 두 소녀가 나를 바라보고 있었다.

눈이 계속 마주쳐서 우리는 가볍게 인사하고는 이야기를 나눴다. 부모님과 함께 인도에서 온 소녀들이었다. 웃는 모습이 예쁘고 사랑스러웠다. 우리는 서로의 국적에 호기심을 가졌다. 내가 만약 인도에 간다면 꼭 만나고 싶었다.

연락처를 교환하고 기념 촬영을 한 뒤 우리는 파타야를 떠나야

했다. 그 뒤로 인도를 여행하게 될 기회가 생겼는데, 연락은 됐는데, 인도의
땅덩어리가 워낙 넓어서 만나지는 못했다. 아직도 까만 눈동자, 머리카락,
피부색이 생각난다. 내 머릿속에 강하게 남아있다...

CAMBODIA

힘겹게 국경을 넘어서

씨엠립으로 가는 버스 예약을 마치고, 다음날 순조롭게 출발했다. 방콕을 떠나서 4시간쯤 달려서 도착한 곳은 거의 국경지역인 한적한 휴게소였다.

그런데 갑자기 캄보디아 비자를 만들어야 한다면서 돈을 요구하는 것이다. 알고 있는 금액보다 훨씬 많은 돈이었다. 그런데 다른 외국인 여행자들은 그냥 할 수 없이 돈을 주고 있었다.

난 그냥 버티고 있었고, 건너편에 앉아있는 다른 한국인 남자도 나와 같은 생각인 눈치였다. 버스는 출발해서 국경 접경지역에 도착했고, 우리는 적은 비용으로 직접 비자를 만들었다. 그 때부터 그들의 횡포가 시작되었다.

씨엠립으로 들어가는 버스를 갈아타야 하는데, 내리라고 하더니, 탈거면 요금을 내라는 것이다. 모든 요금은 이미 예약할 때 지불한 것인데도 말이다.

우리는 못낸다고 했더니 가방을 길바닥에 내팽개치더니 몸을 밖으로 밀치는 것이다. 매달리다시피 하면서 버스에 간신히 올라탔고, 도와달라고 여행자들한테 외쳤는데도 눈치만 보고는 아무 움직임도 없었다. 때로는 아무도 해결해 주지 않는게 여행인지도 모른다... 적당한 타협으로 추가 요금을 울며 겨자먹기로 주고는 떠날 수 있었다. 비포장도로를 창문도 없는 버스는 달렸고, 먼지는 우리들을 뿌옇게 뒤덮으면서 4시간을 달렸다.

횡포는 끝까지 이어져서 그들이 거래하는 곳에서 숙박을 해야했다. 이미 늦은 시간이어서 포기하고 그냥 잤다.

때로는 포기할 줄도 알아가는 게 여행인지도 모른다...

오! 앙코르왓!

세계 7대 불가사의로 지칭되는 웅장하고, 화려하면서도 신비스러운 앙코르왓!!! 앙코르왓은 크메르 제국 시대의 건축물로서 세계에서 가장 위대한 석조 사원의 하나이다.

태국에 의해 씨엠립이 함락당하고 수도가 프놈펜으로 옮겨지는 바람에, 오랜 세월 묻혀 있던 곳이 1860년 프랑스의 탐험가 '앙리무어'에 의해 발견돼서 세상에 알려지게 되었다.

새벽 4시. 일출을 보기 위해서 어디선가 몰려든 차량의 행렬은 끝을 볼 수 없을 정도로 계속 이어졌다. 5시 30분 부터 밝아오기 시작하면서 장관은 연출되고 여기저기서 카메라 셔터 소리만 조용한 적막을 깨웠다. 사람이 이해하기는 힘든 신의 조화가 차츰 드러나기 시작하고 모두들 침묵 속에서 지켜봤다. 내부를 하루에 둘러 본다는 건 불가능했고, 모든 걸 이해할 수 없는 신비의 도시 같았다. 정교한 조각, 거대한 규모는 그 시대를 반영하는 듯 하지만, 자세한 기록과 돌의 출처, 그리고 100만 명이 사라진 것은 아직도 미스테

리로 남아있다고 한다. 일몰을 기대하고 명당 자리를 잡았지만 날씨가 도와주
질 않아서 실패했다.

어쩌면 두 가지 모습을 한번에 완벽하게 보여주지는 않는 것 같았다. 반면
에 더위는 살인적이고, 물은 필수품이 되었고, 교통수단은 미흡하고, 개발의
손길은 미치치 못하고, 거리의 아이들은 호객 행위로 득실거리고 캄보디아
의 양면성을 적나라하게 보는 듯 해서 씁쓸했다.

쌀국수의 맛에 길들여지다

Pho를 아시나요??

  베트남에 도착하자마자 눈에 보인 건 쌀국수였다. 길거리에서 좌판을 펴놓고 아줌마들이 국수를 말아주는 모습이 우리나라에서 본 정겨운 옛날 풍경이어서 호기심에 먹어본 것이다.

  어라?? 이게 무슨 맛인고... 쌀국수에 고기 몇 점, 그리고 숙주나물과 파가 전부였다. 그런데 맛의 숨은 비법은 국물에 있었다. 특유의 향신료를 가미한 고깃국물이었다.

  그 때부터 하루 세 끼를 쌀국수만 먹었다. 한국인 남자 2명과 함께 며칠을 같이 다녔는데, 그 친구들도 그 맛에 빠졌는지 쌀국수만 찾았다. 한 가지 맛만 있는게 아니었다. 고기 부위에 따라서 맛은 조금씩 달랐다. 양념에 따라서도 달랐다.

우리는 거의 모든 메뉴를 섭렵하다시피 했다. 더위도 잊은 채 구슬땀을 흘려가면서 먹었다. 식당보다는 길거리 좌판에서 먹는 쌀국수가 더 맛있었다. 한국에 와서도 쌀국수 사랑은 계속 이어져서, 엄마와 함께 자주 가는 편인데 엄마도 그 맛에 반한 듯 하다. 그래서 난 Pho를 좋아한다...

여행사들의 횡포

Halong Bay!!!

하롱만이라고 불리며, 하늘에서 떨어진 용의 몸부림으로 땅 조각이 3천개의 섬으로 이루어졌다는 전설을 갖고 있으며, 유네스코 세계자연유산으로 지정되어 있고, 세계 8대 비경 중의 하나로 꼽는 곳이다.

하롱베이 국립공원(Halong Bay National Park)은 영화 '인도 차이나' 와 로빈 윌리엄스의 '굿모닝 베트남' 의 배경이 되었던 곳으로 우리에게도 낯설지 않은 곳이라고 한다. 우리가 익히 알고 있는 모 항공사 CF배경으로도 유명했던 곳.

아름다운 한폭의 그림같은 하롱베이
신비스럽기까지한 하롱베이
기암괴석의 절경을 간직하고 있는 하롱베이

168 너, 어디까지 가봤니? 넌,

여행사에서 2박3일 패키지로 예약을 하고 출발했는데, 처음부터 어긋나기 시작한 스케줄은 계속 얘기한 대로 맞지 않더니, 호텔과 식사, 보트에서 일출을 보는 프로그램까지 엉망이었다. 투어 도중에는 포기하고 그냥 이 상황에 적응하기로 했다. 나중에 여행사에 항의를 해보았지만, 오히려 큰 소리에 다른 외국인들도 당한 듯 말다툼을 하고 있었다. 스케줄은 망쳤지만, 하롱베이를 본 것으로 만족해야 했다. 혹시 여행사들이 하롱베이를 믿고 횡포를 하는게 아닌가 싶기도 했다.

HONGKONG

Hong kong!!!

홍콩은 중국어로 '향기나는 항구' 라는 의미를 가지고 있다고 한다. 책랍콕 공항에 도착 했을 때, 역시 깨끗하고, 최신식 건물이어서 현대적인 냄새가 물씬 풍겼다. 세련되고 고급스런 공항의 이미지는 홍콩에 왔음을 실감케 했다.

서서히 조명이 하나 둘씩 들어오면서 새로운 옷으로 갈아 입는 듯 낮의 모습과는 사뭇 달랐다. 도시 전체가 하나의 테마파크 같다는 생각이 들었다.

레이져로 건물을 비추면서 18분 동안 하는 오션로드 나이트 쇼는 백만불짜리 야경을 더욱 화려하게 수 놓았다. 사진으로 담기도 힘들어서 동영상으로 남겼다.

다음은 피크트램을 타고 전망대로 출발... 구룡에서 본 야경과 전망대에서 본 야경은 다른 옷을 입은 듯 팔색조의 변화무쌍함을 보여줬고, 레스토랑에서 저녁식사를 하면서 행복해 하는 커플을 보면서, 사랑하는 사람을 만나면

꼭 이 곳에서 저녁을 먹고 싶다는 황홀한 착각에 잠깐 빠지기도 했다. 착각
은 자유니까! 매일밤 야경을 졸릴 때까지 보고, 바로 쓰러져서 잤던 기억이
있다. 야경은 나의 외로운 밤을 함께 해주었다.

　사랑하는 연인과 황홀한 밤을 꿈꾸시는 분들은 홍콩으로 가세요... 그리고
화려한 야경 아래에서 특별한 만남을 원하시는 분들도 홍콩으로 가세요...
　오늘도 홍콩은 이런 분들을 기다리고 있답니다. 환하게 밝혀놓고...
　누가 홍콩의 야경을 백만불이라고 했나요?? 가치를 따질수 없는 백만불
이상의 값어치인 것을...

홍콩의 거리

"별들이 소곤대는 홍콩의 밤거리~~"

침사츄이 거리에 도착, TV화면에서 본 화려하고 높은 빌딩숲, 여러나라 사람들의 분주한 모습... 홍콩 섬으로 가기 전에 구룡공원으로 가서 사람들의 운동하는 모습, 일상적인 생활 모습을 봤다. MTR을 타고 Sentral에서 내려서 Repeals Bay로 가는 버스를 탔다.

사진에서 봤던 특이한 빌딩들... Western역으로 가서 마켓을 구경하고 Tream을 탔다. 100년이나 되었고 2층에서 내려다 본 홍콩인들의 분주하고 어지럽게 뒤섞여서 살아가는 모습이 활기차 보였다. 20분을 가는 긴 에스컬

172 너, 어디까지 가봤니? 낯,

레이터는 색다른 경험이었다. 유명하다고 하는 곳곳을(헐리우드로드, 소호거리, 고급 레스토랑, 빅토리아 공원) 찾아 다녔다. 시내를(Museum of art, space museum, clock tower) 둘러보고 홍콩 섬을 바라보고 있는데 감탄사가 저절로 나올 뿐이었다. 거대한 빌딩들이 서로 자기가 더 멋있다고 뽐내고 있었다.

여러나라 브랜드의 광고판이 화려하게 비추는 가운데, 우리나라의 브랜드가 눈에 크게 들어와서 자부심을 느꼈다.
2층버스를 타고 시내를 통과하면서 홍콩영화에서나 볼 수 있는 거리의 모습과 어지럽게 중국어와 영어가 뒤섞인 간판의 모습이 교차돼 보였다.

홍콩의 거리는 복잡하지만 심심하지 않은 다이나믹함이 있어서 좋다!!!

유혹하는 사람들

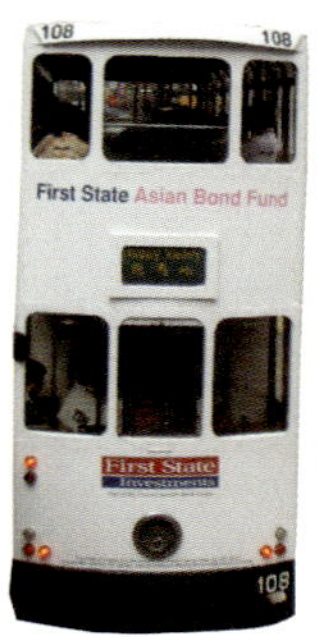

홍콩의 마지막 밤!!
아시아 최대 길이 케이블카 '옹핑 360'을 25분 타고 가는 란타우섬도 홍콩에서 빼놓을 수 없는 멋진 곳 중의 하나다. 홍콩 섬의 약 2배에 달한다는 이 섬은 세계에서 제일을

자랑하는 규모의 좌불청동상이 위엄있게 지키고 있다. 무게가 2백 톤에 높이는 26m나 되는 어마어마한 크기에 압도당한 듯 고개가 아플 지경이다. 그 앞에 서 있는 내가 한없이 작게만 느껴지고, 모든 걸 용서 할 수 있는 마음이 생기는 듯 했다. 란타우에서 마지막 정리를 할 수 있어서 좋았다.

　오늘은 홍콩의 밤거리를 느껴보고 싶었다. 거리를 걷고 있는데 젊은 남자가 말을 걸어왔다. 이상한 눈빛임을 바로 눈치채고 무시해 버렸다. 그리고 호텔 로비에서 음악을 들으면서 몇 자 적고 있는데, 또 외국인이 말을 걸었다. 유혹하는 손짓임을 눈치채고 그 자리에서 일어났다.
　이런 만남은 싫었다. 길에서 만나서 감동을 주거나, 인연이 돼서 이어지는 경우도 있지만, 자칫, 유혹의 길로 빠지는 안좋은 결과도 있는 걸 봤기 때문에 조심했다. 홍콩은 화려함 뒤에 유혹의 손길도 많았다.

　비오는 홍콩의 밤.. 그 날은 마지막 밤이 되었다...

Good bye!!!

Waterford
Rock of Cashel
Cork
Galway city
Cliffs of moher

Part 8
아일랜드

나의 친구, 나의 멘토 Rose

우리의 만남은 4년전 필리핀에 있는 뷔페 레스토랑 이었다. 어학연수차 필리핀에 있을때 뭔가 허전한 배를 달래기 위해 찾아 갔었다. 옆 자리에서 누군가 질문을 던졌다. "Where are you from?"

우리는 금방 친해졌고, 연락처를 교환했다. 그 친구가 바로 Rose다.

집에 초대해서 근사한 저녁도 맛보고, 친구들도 소개해줘서 만나게 되고, 교회도 가게 돼서 새로운 경험도 해보고, 멋있는 장소로 데려다 주기도 하고, 아이들과 함께 쇼핑몰에서 시간을 보내기도 하고, 보라카이에서 추억을 만들어 주기도 하고, 영어의 부족함을 채워주기도 하고, 필리핀 생활에 적응할 수 있게 도와주고, 심지어 병원에 가서 귀까지 뚫어주고 귀걸이를 할 수 있게 해주고, 때론 보호자이자 친구이자 가족이자 말벗이 되어주고, 뭐든 내가 필요로 하는 건 다 해결해 준 Rose다... 그런데 한국으로 돌아가는 날 로즈도 떠났다. 남편이 있는 아일랜드로 아이들과 함께...

우리는 마지막날 페닌슐라 호텔에서 가족과 친구들과 함께 이별의 아쉬움을 달랬다. 난 약속했다. 아일랜드로 로즈를 보러가기로...

필리핀을 좀 더 가까이 느끼게 해준 로즈, 아니 필리핀을 좋아하게 만들어준 로즈, 사랑이 뭔지 알게 해준 로즈, 그리고 진정한 친구의 의미를 알게 해준 로즈... 난 그 친구를 1년 후 지금 만나러 간다. 필리핀보다 먼 아일랜드로... 그 어딘들 어떠랴, 보고 싶은 사람을 만나러 가는데...

나의 영원한 친구 Rose!!!

아일랜드에서 재회하다

만나고 헤어지고, 다시 만나고... 더블린 공항을 빠져나오자 로즈의 얼굴
이 보였다. 진한 포옹과 동시에 서로 기쁨의 눈물을 흘렸다. 로즈의 집에서
공항까지 먼 길을 달려왔기에 다시 그 길을 가야했다. 기차를 타고, 버스를
타고, 자가용을 타고... 우린 밀린 얘기로 시간 가는 줄 몰랐고, 어느새 멋있
고, 단란하고, 포근한 집에 도착했다.

남편은 첫 인상이 온화하고 자상해 보였고, 아이들도 그 사이 의젓해져 보
였다. 한국을 알려주기 위해서 가져간 하회탈, 한복을 미니어쳐로 만든 액
자, 색동천으로 만든 지갑, 그리고 한과를 풀어 놓았더니 다들 신기한듯 좋
아하는 모습이었다. 로즈가 나한테 해준 도움에 비하면 너무나 작게 느껴졌
지만, 너무나 감사히 생각하는 모습에서 고마움을 느꼈다. 우리는 새벽까지
재회의 기쁨을 나눴다. 시간가는 줄 모르고...난 약속을 지켰고...

다시 아일랜드를 떠났다...

Rose의 친구들

로즈는 마당발이다. 계층을 뛰어 넘어
서 다양한 친구들이 있다. 필리핀에 있
을 때도 그랬지만 아일랜드에서도 나한
테 많은 친구들을 소개해 주었다. 악세서

리가게 주인, 정육점 주인, 중국식당 주인, 의사, 엔지니어, 은행직원, 등등... 그러나 아무나 친구로 사귀진 않았다. 친구들은 한결같이 로즈와 비슷한 성품을 가지고 있었고, 행복해 보였다.

그리고 아일랜드에서 살고 있는 필리핀 친구들과 교회를 가고, 음식을 나누고 이야기를 나누면서 일요일을 보내는 모습, 남편들은 아이들을 챙기고 설거지를 도와주고, 서양식 가족 관계의 단면을 볼 수 있었다. 많은 친구들을 알고 있는 로즈는 외롭지 않은 삶을 살고 있는 듯 했다. 그래서 친구란 인생에서 또 다른 의미를 부여해 주는 아주 소중한 일부분인 듯 했다.

이런 모습을 볼 수 있게 해준 로즈한테 감사한다. 그리고 그런 친구들 중에 내가 있다는 것도 감사한다. 흑맥주 특유의 진한 맛을 가진 Guinness만큼이나 진한 우리의 우정을 확인했다. 우리의 우정이 영원하길 바라면서...

아일랜드를 만나러 가다

Ireland!!!

로즈를 만나러 가기 전까지만 해도 아일랜드라는 나라는 생소하게 느껴졌었다. 그저 영국 옆의 작은 섬나라?? 아일랜드?? 아이슬랜드?? 하나씩 알아가면서 매력을 느끼게 되었다. 수도 더블린을 중심으로 양을 기르는 목축업과 천혜의 자연 환경을 자랑하는 곳이었다. Waterford로 향했다. 아일랜드 워터퍼드 군의 군청소재지이자 특권 도시이며 항구 도시... 조용하고 깨끗한 도시답게 가는 길이 예쁘고 넓고 평화롭고 적막하고 동화 속의 그 곳이었다.

돌아오는 길에 Cristal에서 유리공예품을 구경할 수 있었다. 신기하고 특이한 물건들이 눈을 부시게 했다. Rock of Cashel로 향했다.

캐실바위(Rock of Cashel)와 그 위에 세워진 요새가 매력적이다. Cork로 향했다. 아일랜드에서 가장 큰 군으로서, 항구도시의 새로운 느낌의 도시 다웠다. 가는 길의 고속도로는 전형적인 아일랜드의 목가적인 풍경을 볼 수 있었다. 동양인 아니 한국사람은 좀처럼 볼 수 없는 곳이고, 그래서 낯선 곳에서 나를 알아보는 사람이 없다는 기분은 겪어보지 않고는 모를 일이다. 짜릿하기까지 했다.

아일랜드는 드라이브 하듯이 관광지를 찾아가는 재미가 쏠쏠하다. 나라 전체가 아름다운 경관을 갖추고 있기 때문이다.

로즈 덕분에 아일랜드를 만난 셈이다. 자세한 설명과 함께...

가족이라는 이름으로

가족의 의미...

　가족은 단순히 혈연관계로만 이루어진 공동체는 아닌 듯하다. 서로 양보하고, 서로 이해하며, 서로 아껴주고, 서로 배려하고, 서로 존중하며, 서로 감싸주고, 서로 사랑하는 사이여야 한다. 남편의 위치를 명확히 보여주면서 말없이 묵묵히 가족들에게 존경 받을만한 행동을 하고, 자녀의 입장에서 충분히 부모의 마음을 헤아려주고, 부인의 자리에서 언제나 건강과 마음의 평온을 이끌어주는, 단란한 로즈의 가족을 보면서 가족의 소중함을 새삼 깨닫는다. 이 세상 어느 가족이나 행복을 꿈꾸겠지만, 노력없이 행복이 찾아오지는 않는다. 모범적인 가족의 본보기로서 미리 봐두는 것도 나쁘진 않거니와 미래의 나의 가족을 상상해 보면서 배우는게 아닐까??

　여러분의 가족은 어떠세요??

184 너, 어디까지 가봤니? 넉,

Cliffs of moher를 보다

    자연의 위대함은 어디까지일까??

    새벽부터 서둘러서 Galway City로 향했다. 로즈는 음식을 준비하고 남편은 장거리 운전을 대비해서 점검을 하고, 난 따라가기만 하면 됐다. Galway city는 제2의 도시라고 한다.

    그 중에서 Cliffs of moher는 아일랜드에서 가장 유명한 관광지라고 해도 과언이 아닌 곳이며, Doolin 지방 근처에 위치한 이 곳은 바다의 절벽으로, 그 웅장함 때문에 많은 이들이 찾고 있는 곳이다.

    오 마이 갓 !!

    세상에는 보지 못한 신비한 곳들이 너무 많다는 걸 깨닫는 순간이었다. 자연의 신비롭고 경이로움 앞에서 그저 할 말을 잃을 따름이다. 해안가를 끼고 가로지르는 드라이브 코스는 마치 영화의 한 장면을 연상하듯 로맨틱했고, 바다의 출렁거림은 무엇이든 삼켜버릴 듯 넘실거렸다.

    주말이라서 돌아오는 길에 벼룩시장을 둘러보는 팁까지 얻었다. 그런데 남편은 새벽부터 저녁까지 장거리 운전에 보디가드까지 심지어 사진사까지 1인 다역을 해주면서도 얼굴의 미소는 끊이질 않았다. 이런 사람 있으면 당장 결혼할텐데... 로즈가 한없이 부러워 보였다.

    내 생에 잊을수 없는 여행지가 된 Cliffs of moher ..... 로즈 남편의 따뜻함과 함께 더욱 인상에 남을 것 같다.

Rose의 선행

하이!! 까만 피부색을 하고 있는 아이들 2명이 아침인사를 건넸다. 무슨 영문인지는 모르고 나 또한 짧은 인사로 답을 했다.

옆집에 사는데 엄마는 일을 해야해서 로즈가 돌본다고 했다. 로즈의 아이들도 잘 돌봐주고 있었다. 아이들은 로즈를 잘따랐고, 로즈도 행복해 보였다.

누구나 할 수 있을지 모르지만, 아무나 할 수 없는게 봉사라고 생각한다. 아무 댓가없이, 아무 보상없이, 아무 이유없이, 너무나도 자연스럽게, 사랑이라는 마음하나로... 나라도 똑같이 할 수 있었을까? 다시 나한테 물음표를 던져본다.

분명한건 누군가는 착한일을 한다는 거, 어디선가에서 선행을 베풀고 있다는 거다. 말없이... 로즈가 그랬다. 사랑스럽게...

Rose and Happy

무슨 의미인지 궁금하시죠??

내 이름은 Happy, 내 친구 이름은 Rose예요. 외우기 쉽고, 예쁜 이름이죠... 우연한 만남에서 인연으로 이어진 관계지만, 우리는 이제 뗄 수 없는 관계가 되었답니다.

Rose 없는 Happy, Happy 없는 Rose는 생각 할 수 없다는 걸, 우리 둘은 잘 알고 있으니까요... Rose가 있어서 Happy하고, Happy가 있기 때문에

186 너, 어디까지 가봤니? 넝,

Rose도 happy하거든요...

　다만 아쉬운 건 서로 멀리 떨어져 있어서 보고 싶을 때 만나지 못한다는 거죠. 난 한국, 친구는 아일랜드... 그래도 우리는 거리는 멀리 있지만, 마음만은 항상 가까이 있다는 걸 믿고 있죠.

　몸이 멀어지면 마음도 멀어진다는 말은 우리한테는 안통하는 얘기니까요...

Rose and Happy... forever!!!

Rocky Mts
Vancouver
Island
Whistler
Vancouver
Toronto
Quebec city

Part 9
캐나다

CANADA LANGUAGE STUDY

초심으로 돌아가서

나의 새로운 출발을 알리는 숫자들... 2009. 1. 14 18:45, 다시 시작하는 마음으로 인천공항을 서서히 빠져나갔다. 이번에는 남다른 각오로 준비부터 철저히 했고, 그만큼 기대와 설레임도 컸다. 영어에 대한 꾸준한 관심은 날 캐나다까지 이끌었고, 단 1초라도 영어에 대한 생각만 하기로 했다. 필리핀에서의 3개월은 기초를 다지기에 충분했고, 난 자신감 하나만 가지고 캐나다로 갔다. 학원을 고르는 것도 쉽지 않고, 비용도 적지 않고, 날씨도 우기에 춥고, 그래도 난 짧은 기간이지만 캐나다에서 영어를 배우고 싶었다.

내가 무엇을 얻을 수 있을까?

내가 바라는 걸 가질 수 있을까?

내가 하고자 했던 걸 할 수 있을까?

이런 무수한 질문을 던지면서 미래에 대한 불확실성에 초조해 하지는 않았는지... 첫 유럽여행을 갈 때 기내에서 대단한 각오를 다졌듯이, 지금 그 때로 돌아가서 새로 시작한다는 생각으로 잠시 눈을 감는다. 많은 얘기를 하려고 하지 않겠다. 대신, 한국으로 돌아가는 날 한 가득 입가에 미소지을 수 있으면 되지 않겠는가?? 언제나 그랬던 것 처럼... 이번에도 나를 믿는다. 잘 할 수 있다고...

캐나다 적응하기

여행이 아닌 생활...

새롭고 낯선 곳에서 살아간다는 건 쉽지만은 않은 일이다. 그래서 첫 단추가 중요하듯이, 시작이 중요한 부분을 차지한다. 시차 적응이 제일 우선일 것이다. 낮과밤이 뒤바뀐 생활은 개인별로 다르기 때문이다.

그리고 날씨... 여기도 겨울이어서 쌀쌀한 탓에 한국에서 장만한 전기장판의 도움을 받은 일, 은행에 가서 통장을 개설하는 일, 연락을 할 수 있게 중고 핸드폰을 양도 받은 일, 국제 카드로 한국에 안부전화 하는 일, 버스와 스카이 트레인을 익히는 일, 학원규칙과 생활에 적응하는 일을 꼼꼼히 체크하는 일도 중요한 부분이다. 초기에 해야할 것들이 많다. 한꺼번에 하기는 무리고 차츰차츰 하루하루 이 곳 생활에 빨리 흡수되는 것이 중요하다고 할 수 있다. 그래야 공부하는 시간에 집중 할 수 있다.

로마에 가면 로마법을 따르듯이, 캐나다에서는 캐나다의 생활에 따라서 적응하도록 해야 한다. 첫날 집을 못찾아서 반대방향으로 갔던 기억을 떠올리면서, 되도록이면 하루라도 빨리 적응하고 내 몸에 익숙해지도록 만드는

것이 영어공부를 잘할 수 있는 지름길 임을 알 수 있다. 오늘은 환영 파티로 진한 칵테일 한 잔으로 가족과 함께 분위기를 만들어 주셨다. 영어를 자연스럽게 접하게 되는 시간이 돼 적응이 빨라진다는 홈스테이 맘의 생각이었다.

영어공부는 적응하기 나름이라니까요...

오리엔테이션 첫날 스케치

통과의례, 레벨테스트...

오늘은 첫 날 레벨테스트가 있다. 컨디션 조절에 차질이 생겨서 감기증세

192 너, 어디까지 가봤니? 낭,

때문에 시험보는 내내 콧물에 두통에 재채기까지.. 난리도 아니었다. 그래도 최선을 다했고, 결과에 만족했다. 난 레벨이 중요하지 않다고 생각했기 때문이다. 레벨이 높다고 영어를 잘하는 걸 못봤고, 레벨이 낮다고 영어를 잘 못하는 것도 못봤기 때문이다. 레벨은 나중에 내가 충분히 올릴 수 있는 부분이었다. 난 처음부터 시작하는 마음가짐이었기 때문이다.

오리엔테이션을 한 시간 정도 받은 다음, 반 배정을 받아서 갔다. 첫 날이라서 우리들은 가벼운 인사로 국적과 이름을 알리는 시간으로 채웠다. 15명 정도였는데 국적 비율 때문이어서 그런지, 각기 다른나라 사람들로 구성되어 있어서 흥미로웠다. 나이를 초월해서 젊은 친구들과 함께 할 수 있다는 건, 나에게 아직도 열정이 남아 있다는 것이겠지...

배운 만큼 들리고 아는 만큼 써먹는다는 말이 있듯이, 열심히 무조건 열심히 하자!!!

STEP BY STEP

서두르지 않기로 했다. 그렇다고 너무 느긋하게 생각하지도 않기로 했다. 영어공부에도 완급 조절이 필요했다. 수업을 하면 할수록 답답할 때가 많았다. 반복학습의 중요성, 머리로는 되는데 입으로는 안되었다. 쉬운 문장이라도 자주 쓰지 않으면 소용 없다는 걸 깨달았다. 영어를 정복할 수 있는 지름길 인 듯 보였다.

언제쯤이면 만족 할 수 있을까? 앞으로 어떤 식으로 영어에 길들여져야 하는지 곰곰히 생각해 봤다. 그냥 미치도록 외우고 말하고 반복하고... 수업시간에 질문하고, 이해하고 그날의 과제는 그날 소화시키고, 수업에 흥미를 갖게 되고, 하루하루 배워가는 영어가 재미있었다. 학원수업 이외에 다른 문법책으로 부족함을 보충했고, 마음맞는 친구들과 스터디로 학습효과를 극대화 했다. 급하게 생각하지 않기로 했다. 그러나 아이러니하게도 실력은 가속도가 붙어 나갔다. 미련한 방법이었는지는 몰라도 급할수록 돌아가라는 옛말이 있듯이, 차근차근, 한 걸음 한 걸음씩 꾸준히 노력하는 길이 최선의 길인 듯 하다. 적어도 난 그렇게 했다. 미련한 방법이었는지는 몰라도...

도서관에서

우연한 만남이 인연으로...

Lindsey를 처음 만난건 도서관에서였다. 내 뒷모습이 그녀의 친구랑 닮아서 아는 체 하려다 실수로 알게 되었다. 그는 병원에서 일을 하는 시간 이외에는 도서관에 항상 있었다. 음악을 듣거나, 책을 보거나, 가끔 CD를 빌려가거나...

Andy를 처음 만난건 도서관 옆 유명한 호프집(Library square)에서 였다.

194 너, 어디까지 가봤니? 넌,

Linsey때문에 알게 됐는데, 그는 엔터테인먼트회사를 운영하고 있었고, 한국 배우도 몇 명 알고 있었다. 색다른 분야에서 일하는 친구와 다양한 대화를 할 수 있어서 좋은 기회였다. Ben을 만난 것도 도서관이었다. 그는 내 앞자리에서 책을 보고 있었고, 한국에 대해서 잘 알고 있었고, 사업을 해서 자주 간다고 했다. 그도 틈나면 도서관에서 자료를 찾으러 온다고 했다.

나??

역시 수업이 끝나면 도서관으로 곧장 갔고, 끝날 때까지 있었다. 그래서 좋은친구들을 만날수 있었던 것 같다. 캐나다 사람들은 도서관을 잘 이용하고 있었고, 그저 평범한 일상이 된 듯하다. 시설 또한 최상, 공부를 할 수 있도록 최고의 조건을 갖추고 있었다. 도서관은 이렇게 생활 깊숙이 들어와서 자리잡고 있었다. 그래서 그들을 만날 수 있었다.

영어를 배우러 온 사람들

I can speak English!!! 같은반 친구들은 모두 국적이 다르다. 멕시코, 브라질, 스리랑카, 일본, 사우디아라비아, 콜롬비아, 그리고 한국... 그러나 영어를 배우러 온 목적은 같았기 때문에 서로 말은 통하지 않아도 마음은 하나

인듯 했다. 남미 사람들은 영어를 잘하는 줄 알았는데, 예상외로 많은 비율을 차지했고, 아시아 사람들도 꽤 많이 보였다. 한국인들도 심심치 않게 보였다. 사우디나 중동국가의 사람들은 나라에서 권장하고 학비를 지원해줘서 또한 많았다. 그들은 종교의 특이함으로 기도실이 따로 있었다. 하루에 5번씩 기도를 했다. 국적이 다르고 종교가 다르고 언어가 다르고...

다른사람들이 모여서 크고 작은 일들이 자주 일어나기도 해서 가끔은 웃음을 자아내기도 한다. 여기서 중요한 포인트 한 가지.. 학원에서는 절대로 모국어를 쓰면 안된다. 영어로만 대화해야 한다. 그렇지 않으면 벌점을 주거나 심하면 내쫓긴다. 아무리 강조해도 지나치지 않는 것 영어... 그만큼 영어의 중요성을 깨닫고 있고, 배움의 필요성을 느꼈기 때문에 이 자리에 있는게 아닐까? 나중에 무엇을 하느냐는 개인적인 것이고 영어를 배워야 하는 목적은 하나였다.

Very well을 위해서!!!

즐겁게 배우는 영어

영어에 두려움이 있는 당신, 즐겨라!!!

수업시간은 항상 다양한 프로그램으로 구성되어 있다. 레벨별로 수업별로 선생님들의 프로그램도 다양했다. 팝송을 들으면서 발음과 빈 공간의 단어를 맞추거나, 공놀이를 하면서 한 사람씩 문제의 정답을 맞추거나, 한 가지 주제를 놓고 토론을 한다거나, 롤플레이를 통해서 회화의 형식을 만들거나,

영화를 보면서 내용을 이야기 한다거나, 팀별로 다양한 공연을 통해서 발표를 한다거나, 문제의 정답을 시장조사를 통해서 맞춘다거나, Activity를 통해서 팀웍과 다양한 친구들을 만난다거나... 이렇듯 무수히 많은 다양한 프로그램과 게임을 통해서 학습능률을 높이고 영어와 자연스럽게 친숙해지면서 능률적으로 접하게 되는 계기가 된다.

지루하고 딱딱하고, 사지선다형의 문법 위주의 우리나라 학교, 학원의 주입식 교육과는 정반대인 너무나도 자유로운 분위기에서 즐겁게 영어를 배우게 된다. 즐기는 가운데 어느덧 영어는 내 것으로 만들어지게 되고, 내 입에서 자연스럽게 나오게 된다. 신기하게도...

재미있게 배우는 영어

즐기거나 혹은 재미있거나!!! 수업시간은 예상대로 자유로웠다. 모르는 걸 그냥 지나치지 않고 바로 질문하는 학생들, 알 때까지 끝까지 설명을 해주는 선생님들, 그걸 지켜봐주는 친구들, 시키지 않아도 자발적으로 나서서 발표

하는 학생들, 조금 부족해도 칭찬해주는 선생님들, 용기를 얻어서 만족해 하는 친구들, 틀려도 창피하지 않게 생각하는 학생들, 정답을 스스로 찾을 수 있게 도와주는 선생님들, 그 속에서 믿음을 갖게되는 친구들, 영어는 재미있어야 배울수 있는 것이고, Positive mind를 가져야 배울 수 있는 것이다.

난 그들 속에서 많은걸 배웠고, 많은 부분을 바꾸게 되었다. 내가 아닌 남이 해주는 건 절대 아니므로 스스로 변해야 많은걸 받아들일 수 있다.

영어? 즐겨봐...재미있잖아!!

우정을 나누었던 친구들

나의 소중한 친구들!!

국적이 다른 같은반 친구들, 그 중에 마음에 맞는 친구 8명과 항상 함께 시간을 보냈다. 점심을 먹을 때나 주말이면 스케줄을 짜서 가까운 근교로 여행을 다녔다. 국적도 다양하고, 연령도 다양하고, 성별도 달랐다. 그래서 가끔은 의견도 다를 때도 있었다. 우리는 서로 닮아가고 있었고, 서로를 이해하

198 너, 어디까지 가봤니? 능,

고, 배려하고, 양보할 줄 알게 되었다. 스
리랑카 친구가 집으로 초대를 했다. 정돈
된 살림, 처음 먹어본 스리랑카 음식, 친
절한 남편의 매너... 우리는 서로 한 발짝
더 가까워졌음을 느꼈다. 그 이후로 이벤
트가 있을 때는 항상 스리랑카 친구집에
서 했다. 생일파티, 환송, 환영 등등... 그
런데 그 친구가 임신을 한 것이다. 우리
는 너무 기뻐서 깜짝파티를 해줬는데, 모
두 너무 행복했던 추억들이었다. 때론 사
우디아라비아에서 온 같은반 친구집으로
가서 사우디 커피도 마시고 전통 음식도

맛보았다. 이렇게 새로운 문화를 접하게 됐고, 그 속에서 우정이 싹트기 시
작했다. 3개월은 우리를 단단하게 묶어주기에 충분한 시간이었고, 아직도
연락을 하면서 영원한 우정을 다지고 있다..

　나 결혼할 때 꼭 올거지??

Sweet my homestay!!

　'가화만사성' 이라는 말이 있다. 홈스테이를 어디로 결정하느냐에 따라서
결과는 많이 달랐다. 캐나다 사람을 선택할까 고민하다가 필리핀 사람으로

결정하길 잘한 것 같다. 한국에서 미리 집 내부 사진과 주인의 출신을 알고 갔기 때문에 거부감은 없었다. 생각보다 집이 마음에 들었고, 첫 인상도 친절했다. 친구집에 같이 놀러가기도 하고, 가족과 함께 Shower party(우리나라 돌잔치)에 초대 받아서 가기도 하고, 일요일에는 가족들과 교회도 가기도 하고, 정성이 담긴 케익과 음식을 제공하기도 하고...

그 뿐인가?? 따뜻하게 도시락을 챙겨주기도 하고, 한국사람이라고 김치도 챙겨주시고, 공연티켓도 공짜로 주시고, 주말에는 집에서 영화도 같이 보고, 노래방 시설을 갖추고 있어서 팝송도 부르고, 당연한 거라고 생각하겠지만 신경 안쓰는 홈스테이도 많았다. 난 이런 시간들을 통해서 영어를 직, 간접적으로 접했고, 생활모습과 문화를 알게 되었고, 때로는 지친 몸과 마음을 안정시킬수 있는 시간들을 보낼 수 있었다. 집에 가면 편안했고, 그래서 영어공부도 편안하게 할 수 있었다. 난 행운아였다. 누군가 내게 물으면 꼭 그 홈스테이를 추천해 주고 싶다...

I can do it!!

한 달 후에 중간평가를 하기 위해서 시험을 본다. 레벨 업을 하기 위해서다.수업에 적응하면서 즐겁게, 재미있게 배우는 동안 한 달이 지났다. 하라는 대로 했을 뿐인데 결과는 대만족이었다.

3개월 동안 3번의 테스트 모두 좋은성적이었다. 테스트 또한 여러 형태로 이루어진다. 문제에 답을 적어넣는가 하면, 스피치로 평가를 하는 경우도 있다. 이것을 종합해서 레벨업을 시킨다. 그 결과에 따라서 반이 갈라진다. 실력이 향상되어 가는 게 눈에 보이면서 자신감은 더욱더 생기고, 발표력과 친화력도 많이 좋아졌다. 수업시간에 충실하고 예습, 복습 철저히 했다. 틈나는대로 문법책으로 보충하면서... 그리고 꾸준한 노력의 결과라고 생각한다. 반복학습 또한 중요한 포인트 중의 하나다.

난 할 수 있었다.

아니, 난 해냈다.

그리고 우리 모두 할 수 있다!

수료증을 받고나서

감격의 순간!!! 어둡고 긴 터널을 빠져나가면 밝은 빛과 환한 세상을 만날 수 있듯이, 3개월의 힘겹고 치열했던 시간을 뒤로하고, 이제 유종의 미를 거둘때다. 3개월이 길고도 짧은 기간이지만 충분히 내가 원하는 걸 얻었고, 내가 하고자 했던 목표를 이루었다고 자신있게 말하고 싶다. 결코 그 시간들이 헛되지 않았기에...

수료증, 하나의 종이 한 장에 새겨진 인증서지만, 과정을 충실히 이행했다는 보증서라고나 할까? 받는 순간, 뿌듯함과 해냈다는 감격에 잠시 가슴이 두근거렸다. 오랫동안 느껴보지 못했던 기분이었다. 시작은 두렵고, 힘들고, 미래에 대해 불확실 했었지만, 마무리는 확실하게 끝을 맺었다. 아니다. 이게 끝이 아님을 알리는 신호다. 이제부터가 본격적인 시작인 것이다. 멈추지 말고 계속 전진, 전진 해야만 한다. 끝이 아닌 또 다른 시작임을 깨달아야 한다. 벽에 걸려있는 수료증을 보면서...

202 너, 어디까지 가봤니? 난,

CANADA TRAVEL

록키 마운틴을 가다

캐나다 서부의 브리티쉬콜럼비아주와 앨버타주의 사이에 걸쳐져서 있답니다. 겨울, 우기여서 버스로 가는 길은 눈보라가 치는 악조건이었습니다.

2400km의 대장정의 길, 3박 4일의 일정으로 일본인 친구 3명과 함께 떠났습니다. 다른 친구들은 거리가 멀다고 포기한 친구들도 있었습니다. 한국 사람들과 국적이 다른 몇몇 사람들로 구성된 일행들은 한 가족처럼 한마음으로 가이드의 안내를 잘따랐습니다.

눈내리는 만년설과 빙하, 울창한 아름드리 나무들, 루이즈레이크, 에메랄드레이크는 록키 산맥의 절경으로 손꼽히는 곳입니다. 겨울이어서 눈 덮인 호수만 보게 되었습니다만, 대신 호수에서 스케이팅을 즐길 수 있는 덤을 가졌습니다. 밴프(Banf)지역도 빼놓아서는 안될, 꼭 거쳐가게 되는 명소랍니다. 코를 베는 듯한 추위와 바람을 견디고 정상에 섰을 때, 자연의 경건함에 고개를 숙일 수밖에 없었습니다. 추위 때문에 고개를 떨군게 아니랍니다. 록

키산맥은 일년에 두 번은 봐야 한답니다. 겨울과 여름... 여름은 사랑하는 사람과 같이 볼려고 남겨 놓았습니다. 감동이 두 배라고 해서 말입니다. 조만간 꼭 가고 싶습니다.

환상의 섬

　벤쿠버 속의 또 다른 작은 도시, 빅토리아!! B.C 주의 주도가 벤쿠버로 알고 있는 사람들이 많은데, 빅토리아는 British Columbia 주의 주도이며, 19세기에 영국의 영향을 받아 아름답고 고풍스러운 모습을 하고 있다.

204 너, 어디까지 가봤니? 넝,

밴쿠버 아일랜드 남단 끝에 위치해 있으며, 이 아일랜드는 한국 남한의 3/4 정도로 북미에서 가장 큰 섬이다. 일조량이 가장 많은 관광도시이자, 다운타운에는 건축물과 고예술품, 수공예 상점들이 즐비하게 늘어서 있다.

한마디로 아기자기하고 낭만적인 도시라고 할 수 있다. 부챠드 가든(Butchart Gardens)은 이 곳에서 놓쳐서는 안될 관광지라서, 여행자들이 끊이질 않는 곳이다. 테마정원을 비롯해서 동화의 나라에 온 듯한 착각을 일으키게끔 화려한 꽃들로 수놓은 곳에서는 진정한 꽃과 나비의 세계에 빠질 것이다.

배를 타고 가는 낭만도 함께 즐길 수 있는 이 곳은 연인하고 주말을 이용해서 가볍게 즐길 만한 장소가 아닐까 생각한다. 화창한 봄날도 좋겠고, 단풍이 물든 가을도 좋겠고, 녹음이 짙은 여름도 좋겠지만, 난 비내리는 겨울 우기에 갔었다. 언제라도 그냥 좋은 곳이다...

휘슬러에서 눈썰매를 타다

　Whistler!! 관광휴양도시 휘슬러.. 여름에는 말타기, 산악자전거 타기, 겨울에는 스키를 즐기는 스키어들의 천국.. 그 어떤 수식어로도 모자랄 정도로 화려한 명성을 자랑하는 곳이다. 친구들과 주말을 이용해서 당일치기로 가기로 했다. 하얀색으로 덮인 설국의 모습을 하고 있었다. 우리는 스키어와 비스키어로 나뉘어졌다. 비스키어들은 눈썰매를 타기로 했다. 한국에서도 겁이 많아서 타보지 않았던 눈썰매였다. 2인1조로 큰 고무 튜브를 타고 내려가는 형식이었다. 친구들의 권유로 용기를 냈다.

　야호!!

　우리는 신이 나서 소리를 지르고, 옷이 젖은 줄도 모르고 넘어지고 구르고 그 와중에 사진도 찍어주면서 행복한 추억을 만들었다. 휘슬러까지 가서 스키를 못타서 아쉬운 마음은 컸지만, 어쩌랴 못타는 것을... 대신 눈썰매가 그 자리를 채워줬다. 그날처럼 호탕하게 웃어본 적도 드물 것이다. 우리는 어린 아이가 된 듯했다. 하룻동안...

벤쿠버 주변 명소

Vancouver!! 저와 함께 여행 떠나실래요???

　벤쿠버는 특징있는 타운형태로 도시가 계획되어진 듯해서, 도보로 가능한 곳 부터 다니면 좋아요. 역사의 시발점이라고 할 수 있는 Gas town에서는 5

분마다 분출하는 수증기를 뿜어대는 증기시계를 볼 수 있구요. 고급레스토랑과 카페, 멋진 콘도, 주말에 연인들의 만남의 장소인 Yale town, 그리고 언제나 다국적 사람들로 번화하고 편하게 항상 다니게 되는 Downtown이 있답니다. 가까운 곳에서 스키를 즐길수 있는 Grouse Mt은 구름 위에 떠있는 듯한 느낌, 하얀설산, 전망대에서 바라본 풍경은 잊을 수 없을걸요?

엑스포를 위해서 지어진 캐나다플레이스와 하버센터가 위엄을 자랑하고 있구요. 시민의 휴식처이자 커플끼리 자전거 타기 좋은 스탠리파크(Stenly Park), 가까운 곳에 모래와 바다를 볼 수 있는 잉글리쉬베이(English Bay)

에서의 석양은 황홀하기까지 하답니다. North van에서 바라본 벤쿠버의 노을 또한 환타스틱 하다고 할까요? Granvill island는 퍼블릭 마켓이 있어서 싱싱한 생선과 고기, 야채를 살 수 있고, 서민의 생활을 직접 볼 수 있는 장소로 좋답니다. 캐필라노브릿지 (Capilano Suspension Bridge)는 흔들거리는 아찔함과 함께 70m 아래 협곡을 볼 수 있는 짜릿함을 선사해 준답니다. 나열하자면 끝도 없겠지만 마지막으로 Day care center에 가서 아이들을 돌보는 봉

사활동을 할 수 있는 기회가 있어서 보람도 느꼈답니다. 주말을 이용해서 우리 맴버는 가까운 근교로 여행을 다녔기 때문에 벤쿠버에서 공부하는 시간들이 지루하지 않았고, 수업시간에도 도움이 될 뿐더러 캐나다를 알 수 있는 좋은 기회였다고 생각해요...

볼거리가 많은 캐나다 벤쿠버로 오세요....

김연아를 보러가다

와우!! 신난다!!! 스케이트 좋아해요?
홈스테이 맘의 질문에 난 당연히 좋아한다고 대답했다. 그러자 바로 공짜

208 너, 어디까지 가봤니? 낯,

티켓을 내 손에 쥐어 주는 게 아닌가? 2009 ISU 세계피겨스케이팅 선수권 대회... 김연아 선수의 경기를 알고 준 것이다. 잠도 설치고 오전수업만 하고 친구들한테 잔뜩 자랑을 하고 경기장으로 향했다. 사실 피겨스케이팅 경기장은 처음이어서 조금 들뜬 기분이었다. 좋은 자리를 잡아서 우리는 선수들의 경기일정표를 살펴봤다.

아뿔사 !!
김연아 선수는 오늘이 아니고 내일이었다. 오늘은 한국 남자선수 김민석 선수의 경기가 있는 날이었다. 아쉬움을 뒤로하고 김민석 선수가 나올 때까지 기다렸다가 응원하고 사인에 기념촬영까지 했다. 경기하는 모습이 자랑스럽고 늠름해 보였고, 태극기를 보니 가슴이 뭉클했다.
그래서인지 돌아오는 발걸음은 그다지 무겁지는 않았다. 다음날 김연아 선수는 최고 기록을 내면서 대회 1등을 차지하는 쾌거를 올렸다. 그 영광스런 자리에서 내가 응원을 했었으면...
멋진 경기는 인터넷으로 대신했다.
화이팅 김연아 선수!! 자랑스럽습니다...

비욘세와 아이스하키

캐나다인들의 아이스하키 사랑은 대단하다. 우리나라 사람들의 2002월드컵을 생각하면 이해가 쉬울 것이다. 응원 또한 광적이고, 열정적이다. 경기

를 이기는 날에는 다운타운은
자동차 경적소리와 함성으로
떠들썩하다.

　암표를 사야할 정도로 표를
구하기가 여간 힘든 게 아니다.
가격은 하늘을 찌른다. 경기가
있는 주말에는 호프집이건 레스
토랑이건 온통 아이스하키 경기

를 보느라 자리가 없을 정도였다. 난 볼 수 있는 기회를 매번 놓쳤고 대신 그 장
소에서 비욘세 콘서트를 봤다. 평소에 좋아하는 가수였고 노래도
즐겨 들었었다. 이번에도 홈스테이 맘이 표를 구해
줘서 쉽게 저렴하게 볼 수 있었다. 무대는 조명과
어우러져서 화려했고, 사람들은 파티복을 입고,
콘서트 내내 일어서서 춤을 췄고, 비욘세
는 멋지고 섹시한 춤과 노래로 열광시
켰다.

　이런 경험들을 접하면서 캐나다
인들의 열정적인 삶과 이들의 내면 세
계와 소통 할 수 있어서 좋은 기회였다.

　비욘세 음악을 들으면서 이 글을 쓰고 있다. 콘서트의 열기를 생각하면서...

210 너, 어디까지 가봤니? 낳,

토론토의 거리풍경

벤쿠버에서의 어학연수를 마치고, 홀가분한 마음으로 동부쪽으로 여행을 떠났다. 비행기로 5시간을 타고 도착한 곳은 캐나다 최대의 도시 토론토...

여행의 출발지였다. 먼저 토론토의 랜드마크 C.N tower로 갔다. 바닥이 유리로 되어 있어 340m 아래가 그대로 비쳐 보여서 심장이 약한 사람은 벌렁거리기도 할 것 같았다. 하키의 나라답게 하키 명예홀(Hokey hall of fame)에는 하키에 왜 이렇게 열광하는지 배경과 역사를 잘 설명해주고 있었다. University ave, City hall, Queens park, Bay st., Bloor st., york ave 등등....

구석구석 거리마다 특색있는 모습으로 꾸며져 있었다. 그 거리에서 Cold play의 노래가 흘러 나왔다. 뮤직비디오를 촬영하는 듯 보였다. 발걸음을 멈출 수 밖에 없었다, 인연이 많은 노래였기에... Toronto island로 향했다... 배를 타고 가까운 곳에서 한적한 시간을 보낼 수 있기 때문이다.

인적이 드물어서 무섭긴 했지만... 하버프런트의 야경은 토론토를 대변해주는 듯 아름다웠다.

C.N tower와 함께 어우러져서... 빌딩숲과 도시적인 냄새가 풍기는 곳 토론토는 벤쿠버와는 대조를 이루었다. 서서히 토론토가 눈에 들어오기 시작했다...

뮤지컬을 섭렵하다

뮤지컬 보러 같이 가실래요??

우선 가족 뮤지컬 'The sound of music..' 영화로 더욱 익숙한 도레미 송 뮤지컬로 알려진 사운드 오브 뮤직은 아름다운 알프스를 배경으로 한 작품이다. 장소와 배경이 워낙 인기가 많아서 나중에는 투어상품까지 나왔다고 하니 이름에 걸맞게 명성은 알아줄만 하다. 그 다음은 Rock musical 'We will rock you.'

Queen의 노래를 주제로 한 공연이었는데 연주자들, 배우들의 노래 실력이 대단했다. 모두들 한바탕 락의 세계로 빠진 듯 신나게 스트레스를 날려버릴 수 있는 시간이었다.

　마지막으로 10대 사춘기의 이야기를 주제로한 'Spring awakening' 한 편의 드라마로서 젊은 배우들의 패기와 역동적인 그들의 시대상을 성숙한 이미지로 잘 표현하는 모습이 인상적이었다. 이렇게 좋은 작품을 여행하면서 만나기도 힘들다. 그래서 난 닥치는대로 예매하고 봤다.

　어떠세요? 뮤지컬을 보신 소감이?? 기회를 놓치지 마세요...

2번째 보는 나이아가라폭포

　12년 전...
　이벤트 행사에 당첨돼서 공짜로 미국을 여행하게 되었을 때 나이아가라를 처음 만났었다. 어디서부터 오는지 거대한 물줄기에 그냥 넋을 잃고 말았고,

땅을 뒤흔드는 굉음과 멀리서도 젖을 만큼 거센 물보라에 한참을 머물렀었다.

행운을 주듯 무지개가 수줍게 얼굴을 내밀고 반겨줬고, 밤에는 무지개 빛 조명으로 분위기는 절정의 극치를 보여줬다.

12년 후...

이번이 두번째다. 여전히 말없이 거대한 물을 쏟아내고 있었다. 감동은 여전했다. 웅장하고 거대한 폭포의 모습에 빠져서 주변을 걸었다. 전망대로가서 내려다본 폭포는 감회가 새로웠다. 이번에는 무리를 해서 헬리콥터를 타기로 했다. 후회없는 선택이었다. 하늘에서 본 나이아가라....

앞으로 몇 년 후에 또 갈 수 있을지... 간다면 그 때는 보트를 타고 체험하고 싶다. 기다려라! 나이아가라여!!

캐나다에서 만난 인연

낯선 장소, 낯선 만남 그리고...

여행 도중에 만난 많은 친구들 중에 기억에 남는 친구들이 있다. 아침을 먹기 위해서 식당으로 갔는데 Eric을 만났다. 밝은 미소, 친절함, 필요한 걸 미리 알고 도와준 친구였다. 그 친구를 보면 기분이 좋아졌다. 길에서 우연히 Tony를 만났다. 서로 관광객으로 착각하는 가운데 우리는 친구가 되었다. 캐나다인으로서 다양한 삶의 애기를 해주었다. 공중전화 박스에서 Diana를 만났다. 친절하게 대해줘서 따뜻한 정을 느낄 수 있었다. 편하게 있을 수 있게 좋은 숙소를 알려줬었다. 레스토랑에서 Molsen을 만났다. 매니저였고, 캐나다에 대해서 얘기를 하면서 커피와 케익을 서비스로 줬다. Under ground를 같이 걸었고, Old city hall까지 연결된 곳이었다. 기념품

까지 선물해 줬다. 처음보는 여행자인데 이렇게 친절할 수 있을까?? 난 운이 억수로 좋은사람 임에 틀림없다...

Ice wine에 매혹되다

Winery를 가다...

와이너리란 와인을 만드는 와인家 또는 양조장을 뜻한다. 아이스 와인은

온타리오 나이아가라 와이너리 와인이 유명하다. 아이스와인은 겨울에 살짝 얼은 포도를 가지고 만드는 것이라 그 당도가 굉장히 높은데, 덕분에 식사에 곁들이는 와인이 아닌 디저트 와인으로 분류된다고 한다.

나이아가라 폭포 가는 길, 고속도로에서 끊임없이 등장하는 포도농장 표시로 규모를 알 수 있었다. 이 곳은 시음에도 일정 금액을 받을 만큼 퀄리티도 높기 때문에 한 번쯤 시음을 해보는 것도 좋다. 종류도 다양하고 색깔도 예쁘기도 하지만 맛의 당도가 오묘하고 진했다. 내 입맛에 딱이었다. 한 두 잔 시음하면서 다니다 보니, 와인 색깔 만큼이나 볼이 붉어졌다. 가격도 일반 와인보다는 비쌌지만, 귀한 거라서 큰 맘먹고 한 병 장만했다. 양조장에서는 할인된 가격으로 살 수 있기 때문이었다.

그 뒤로 아이스 와인에 대한 관심은 계속되었고, 매력적인 맛의 세계에 매혹 되었다...

퀘백여행(패키지)-몬트리올, 퀘백, 킹스톤천섬

캐나다 속의 프랑스, 퀘백시티(QUEBEC CITY) !!

출발은 킹스톤 천섬에서 유람선을 탔다. 1700개가 넘는 섬에 개인소유로 근사한 별장들을 지었고, 자국 국기를 꽂는다고 한다. 몬트리올로 들어서자 프랑스어 간판이 보이기

시작했다. 캐나다 속의 프랑스를 실감 할 수 있었다. 올림픽 스타디움으로 가서 양정모 선수의 금메달과 태극기를 봤다. 자랑스러웠다... 하이라이트는 역시 퀘백... 다름 광장을 중심으로 시작된다. 퀘백 주민의 85%가 프랑스 계로서 언어와 종교 등 프랑스식 전통을 고수하고 있다.

퀘백의 상징 쁘띠 샹블랭거리의 골목에는 각종 아기자기한 상점들과 멋스러운 간판, 그리고 고풍스런 건물에 눈을 뗄 수가 없다. 성요셉 성당, 주의사당 등등..

사뭇 다른 분위기를 연출하면서 그들만의 울타리를 만들고 살고 있었다. 이름도 외우기 힘든 샤또 프롱트

냑호텔은 건물자체 만으로 관광명소가 될만큼 고풍스럽고 아름답거니와 야경의 눈부신 화려함에 빠져들 것이다. 어느 나라를 가든 차이나타운이 있듯이, 캐나다에는 퀘백이라는 거대한 파워를 가진 프랑스인의 타운을 형성하고 있었다. 자부심과 자존심을 가지고...

218 너, 어디까지 가봤니? 넌,

Egypt
Chicago
Turkey
L.A
Greece
New york
Hungary
Peru
Czech
Bolivia
Finland
Chile
Sweden
Argentina
Norway
Brazil
Ireland
Dubai
Spain
India
Mexico
Nepal

Part 10
세계여행

이집트, 터키, 그리스
헝가리, 체코, 핀란드, 스웨덴
노르웨이, 아일랜드, 스페인
멕시코, 시카고, L.A, 뉴욕
페루, 볼리비아, 칠레, 아르헨티나
브라질, 두바이, 인도, 네팔

낯선 이방인1-미완성 로맨스

로맨스 !!!

낯선 장소에서 낯선 사람과의 만남은 짜릿한 청량음료와도 같은 맛을 느끼게 해준다. 이집트의 뜨거운 태양 아래에서 사막의 열기는 숨이 막힐 듯 차오르고, 불가사의한 거대한 피라미드를 보면서 인간의 나약함과 하찮음을 느끼지 않을 사람이 누가 있겠는가? 우린 그렇게 같은 시공간속에서 공감대를 형성하고 있었는 지도 모른다. 서로는 철저히 모르는 존재로서.... 단지 빨갛게 타는 나의 살을 그의 두건으로 감싸주는 배려로 인연의 끈은 이어진 듯 했다. 한낮의 열기는 어느 덧 붉은 노을로... 나일강가의 바람은 유혹의 손길로 연인들을 손짓하고 있을 때 라마단 시즌으로 허기져 있는 배를 채우기에 뷔페는 충분했고 붉은 와인은 한낮의 열기를 상기시켰다.

이것이 최후의 만찬이 될 줄이야...

가까워진 듯한 말투와 몸짓, 조심스런 행동으로 라마단 시즌 때문에 늦은

저녁에 오픈한 마켓으로 향했다. 미국인과 한국인 우리는 어울리는 듯 아닌 듯, 지나가는 곳마다 시선 집중의 대상이 되었다. 국적과 우리 둘의 관계를 물어보는 호기심 어린 모습으로 우리를 주시 하면서 질문 공세는 이어져서 즐비하게 늘어서 있는 상점 사이를 빠져나가기조차 힘들 정도였다.

온갖 신기한 것들 가득한 그 곳에서 우리는 맛보고, 입어보고, 사진도 찍으면서 영화의 주인공처럼 휘젓고 다녔다. 우리는 어느 새 연인 아닌 연인의 모습으로 비춰졌는 지도 모르겠다. 헤어짐을 알리는 시간이 점점 다가올 수록 내 가슴은 쿵쾅거리듯 요동 쳤고, 그의 목소리는 떨리고 있었다. 무슨 이유였는지 지금도 알 수는 없지만 우리는 서로의 끌리는 마음만 확인했을 뿐, 연락처를 교환하지 못한 채 각자의 방으로 향했다. 카이로의 밤은 꺼져가는 촛불처럼 활활 타올랐다가 서서히 저물어 갔다.

다음날 그와 나는 각자의 길로 떠났다. 영화 줄리아 로버츠 주연의 "Eat, Pray, Love"를 봤을 때 그가 많이 생각 나는 건 왜일까??? 아마도 미완성이었기 때문이 아닐까 싶다.

TURKEY

남자들의 과잉친절

　술탄 아트멧 광장은 관광객들로 인산인해를 방불케했고, 블루 모스크와 이아소피아는 터키의 자랑이자 지나칠 수 없는 볼거리로서 중심가에 자리잡고 있는 곳이다. 그 규모는 말로 설명할 수 없는 역사적인 곳이며 서로 다른 대조적인 건축양식을 보여준다.

　그 곳에서 친철하게 다가온 터키남자는 의심할 여지없이 이 세상에서 제일 순수한 얼굴로 안내해줬고, 한국을 방문했었고 한국 음식과 문화를 잘아는 친구까지 소개해줘서 즐거운 대화로 시간을 보냈다. 우리는 다음날 친

구와 함께 또 만나기로 했다. 그런
데 친구는 나오지 않았다. 이상한
예감은 그때 들었다.

　다른 친구를 소개시켜 준다면서
나를 낯선 곳으로 데리고 가려고
해서 그 곳을 빠져 나오려고 택시
를 탔는데 택시비를 요구하는 것이
다. 그런데 이상하게 무섭지는 않았고 정신이 나면서 그 사람이 한심해 보여서
택시에서 내리라고 하고 난 다시 술탄 아트멧 광장으로 무사히 돌아왔다.

　한 번은 갈라타 타워를 가는 길
에 단지 길을 물었을 뿐인데 친절
하게 그 곳까지 동행해 주고 입장
료까지 내주고는 설명도 자세히
해준 터키 남자가 저녁 약속을 제
안하길래 정중히 거절했더니 연락
처를 주면서 지나칠 정도로 요구
를 하는 것이다. 저녁을 먹는 건
어려운 일은 아니지만 안좋은 기억때문에 거절할 수 밖에 없었다.

　이처럼 친절은 서로의 마음을 기분좋게 하지만 지나친 과잉은 서로를 경
계하게 되는 것 같다. 터키의 미덕은 친절. 그러나 누군가 여행하면서 터키
의 친절을 조심하라는 말이 이제야 실감이 났다. 친절함을 경계하세요!!!

낯선 이방인2

태양이 이글거리는 거리에서 길을 물었다. 뒷 편에서 누군가 나를 향해 다가오더니 그 곳까지 데려다 주고는 이내 사라졌다. 목적지를 구경하고 다시 거리로 나섰다. 태양은 머리 꼭대기에서 바로 내리꽂고 있었다. 어디선가 내 이름이 들리더니 우연히 그와 또 마주쳤다. 나는 그가 운영하는 양탄자가게로 이끌리듯 발길이 옮겨졌다. 시원한 에어컨, 시원한 음료수 거기에 양탄자에 대한 자세한 설명, 게다가 저녁초대까지....

그날 저녁 난 그 곳에 가지 못했다. 양탄자가게는 내가 있는 숙소 바로 옆이라서 가는 길에 잠깐 들렀는데 나를 위해서 터키 전통음식을 만들었다고 보여줬다. 실망하는 그의 눈빛에서 다음날로 저녁 약속을 다시 잡았다. 양탄자가게는 3층건물로 1,2층은 가게고 3층은 요리와 손님을 접대할 수 있게 꾸며져 있었다.

다음날 약속시간에 맞춰서 갔다. 그가 나를 보는 순간 환한 미소가 입가에 번지면서 기다리고 있었던 눈치였다. 일본인 고객과 함께 근사한 저녁을 먹으면서 이야기 꽃을 피웠다. 그는 그날 집으로 초대를 했다. 난 거절을 했고, 다음날 터키를 떠난다고 했더니 명함을 줬다. 그리고 다음날 고맙다는 말과 함께 메일을 보냈다. 그런데 그와 연락이 안된다. 아마 순수한 마음에서 집으로 초대를 했을텐데, 난 그때 그렇게 결정을 했고, 결과는 이렇게 되었다. 좋은 추억 아니 좋은 친구로 기억될 수도 있었을 텐데, 지금은 기억 저편 에서 가끔씩 되살아날 뿐이다. 나의 로맨스는 과잉 반응으로 항상 미완성이 된다.... 진심이 담긴 친절은 받아주는 센스!

226 너, 어디까지 가봤니? 넝,

GREECE

Sunset

지중해의 아름다움은 TV에서 음료수 광고로 익히 알고 있을 것이다.
세계에서 가장 아름다운 석양을 볼 수 있는 곳 산토리니 아일랜드!!! Fira와 Oia(마을이름)는 분위기는 조금씩 다르지만 지상낙원인 듯 내 눈을 의심케 했다. 사람들은 와인과 맥주를 들고 하나 둘씩 모여들기 시작했고, 빈틈 하나 없이 다국적 관광객들로 자리는 빽빽히 채워졌고 자유로움 속에서 질서는 유지되었다. 나도 그 속에서 자리를 잡고 한 곳으로만 시선을 응시하고 있었다.

드디어 카운트다운! 일제히 카메라 셔터는 불꽃놀이를 하듯 찰칵 소리와 함께 플래시는 마구 터지기 시작했다. 사진으로만 담아가기에는 아쉬움이 많았다. 연인들끼리, 친구들끼리, 가

족들끼리 서로 껴안고 소리지르면서 그 찰나의 순간을 느끼고 있었다. 감동의 물결은 가슴이 터질 듯 벅차올랐다. 이 순간을 영원히 간직할 수는 없을까??

난 황홀한 석양을 보면서 다짐했다. 죽기 전에 꼭 한 번 더 보러 오겠다고.... 그 때는 혼자가 아니라고...

기다려줄 거지?? 산토리니!

산토리니의 민박집

산토리니에 도착했을 때 이미 여행객 들로 붐볐고, 숙소를 알아보려고 안내데스크에 갔을 땐 평일보다 비싼 두 배의 시즌 가격에도 그나마 방이 없었다. 예약을 하지 않은 탓도 있었다. 수소문 끝에 방을 구했는데 가격도 저렴하고 특히나 주인이 친절한 노부부라고 해서 마음이 놓였다.

잠시 후 할아버지께서 공항에 도착, 마중을 나온 것이다. 포근한 인상에다가 반갑게 맞아주시는 모습이 너무나 정겨웠다. 숙소에서는 할머니께서 기다리고 계셨고 역시 좋은 인상이셨다. 마치 여행을 마치고 집으로 돌아온 엄마의 품처럼 따뜻함을 느꼈다. 숙소는 전망 좋고 깨끗하고 무엇보다 좋은 건 2인실을 혼자 쓴다는 거였다. 그것도 1인실 가격으로 말이다. 오히려 예약을 안한게 나한테는 행운이었다. 집으로 돌아오는 길을 체크하고 골

목골목 다니면서 시내로 발길을 옮겼다. 돌아오는 길은 낯설었고 무엇인가에 홀린 듯 미로처럼 한 곳만 2시간을 맴돌았다. 고양이들이 여기저기 보초를 서 듯 나의 눈을 응시하면서 오묘한 눈빛을 보내고 있었다. 사람들은 찾아 볼 수 없는 적막한 곳. 무서웠다. 그 때 이웃집에서 숙소에 전화를 걸어주고 할아버지는 마중을 나오셨다. 집을 찾지못한 건 그 때가 처음이었다. 숙소 명함을 항상 챙기는 습관은 그 때부터 였다. 떠나는 날 우리는 포옹을 했고 뜨거운 눈물을 흘렸다. 결혼해서 신혼여행으로 꼭 다시 오라고 하셨다. 난 그 노부부가 빨리 보고 싶다.

아찔한 순간

아름다운섬 산토리니 아일랜드!!!

그 중에서 백사장이 까만모래로 되어있는 Camari beach에서 모처럼 여유로운 휴식을 취했다. 색다른 파라솔은 이국의 정취를 만끽하기에 충분했고 일광욕을 하면서 책을 읽는 모습이 한가로워 보였다. Gyros Kabab을 먹은 후로 거의 하루에 한 끼는 케밥으로 해결하다시피 했다.

내 입맛에 딱이었기 때문이다. 어쩔땐 두 번 먹기도 했다.

그 날도 어김없이 케밥을 먹고 비치로 갔었다. 바로 그 케밥이 문제를 일으켰다. 비키니를 입은 채로 한참 폼을 잡고 일광욕을 하고 있는데 아랫배에서부터 신호가 오기 시작하더니 꾸룩꾸룩 금방 나올듯한 굉음 소리와 배를 쥐어뜯는 듯한 통증이 날 당황하게 만들었다. 한 발자국도 움직일 수 없는 그야말로 일촉즉발의 사태가 벌어진 것이다. 난 자세를 낮추고 최대한 시간을 끌어서 진정을 시키고 서서히 걷기 시작했다. 아뿔싸!! 화장실은 눈에 들어올리가 없었다. 난 가까운 식당으로 돌진하기 시작했다. 평지가 아닌 계단을 올라가야 하는 식당이 가까웠다. 내 자세는 상상하기도 힘든 어정쩡한 자세였다. 멀리서 나를 지켜보던 웨이터는 내가 입구에 들어서자마자 어떻게 알았는지 화장실로 손을 가리키는 게 아닌가! 나를 지켜본게 분명했다. 부끄러움은 잠시 사라졌고 난 볼일을 해결했다. 화장실 가기 전과 후는 하늘과 땅 차이였음을 한 번 더 경험했다. 비록 정신줄까지 놓을 정도로 아찔한 순간이었지만 난 그래도 Gyros Kabab이 아직도 그립다...

HUNGARY

부다페스트행 비즈니스석

나한테도 이런 행운이 있을 줄이야! 그동안 여러 항공사를 이용했어도 이런 기회는 주어지지 않았다. 그 날도 어김없이 보딩패스를 받기 위해서 줄을 섰다. 갑자기 직원이 다른 줄을 이용하라는 손짓을 하길래 그 곳으로 갔다. 평소와 똑같은 절차로 여권을 확인하고 보딩패스를 받는 순간 내눈을 의심할 수 밖에 없었다.

비즈니스석이었던 것이다. 물어보자니 괜한 짓 같아서 그냥 받기는 했지만, 영문을 몰라서 한참을 생각했지만 답은 한 가지 그냥 조용히 있는게 도와주는 것이 아닌가 싶었다. 처음 앉아보는 편안한 자리, 차별화된 메뉴서비스, 최상의 매너로 고객을 대하는 태도는 잠시나마 나를 퍼스트클래스로 만들어줬다.

무슨 복이 터졌길래??? 가끔이나마 예기치 않은 선물을 만나도 좋다.

지금까지도 그 이유를 모른다. 아니 알고 싶지 않다. 어차피 남는 자리였을 테니까... 다만, 실수였다면 담당자한테 고맙다는 말을 늦었지만 전하고 싶을 뿐이다.

Thank you so much,, Very much.^^

I like beer

한 여름 갈증을 한 번에 해소시켜 주는 맥주의 맛을 아는가???

기네스북에 오른 천년왕궁 프라하 성!!! 워낙 유명한 명소로 자리잡은 프라하의 상징이자 체코의 역사적 산물인 곳이다. 그 곳을 둘러보는 데만 거의 반나절이 걸릴 정도로 규모는 세계 최고를 자랑하고 있다.

도착한 첫 날은 야경으로 멀리 보이는 웅장한 자태를 먼저 보았고, 다음날 정식으로 전문 가이드의 설명으로 프라하 성을 가까이서 만날수

있었다. 우리는 그룹을 지어서 다녔는데 장시간의 투어는 한 낮의 열기만큼 뜨거웠다. 가이드의 요청으로 잠시 휴식도 취할 겸 체코의 명물인 맥주를 맛보기로 했다. 다양한 종류 만큼이나 각자 주문도 다양했다. 모두들 기다렸다는 듯 맥주가 나오자 마자 잔을 들고 함께 건배를 외친 다음 한 모금 마셨다.

와우~

첫 맛은 부드럽게 넘어가서 목구멍은 시원해지면서 끝맛은 구수한 보리 특유의 맛이었다. 그러나 지금까지 독일, 아일랜드, 미국 등등 유명하다는 맥주는 나름대로 맛보았지만 이번엔 한 방에 내 기억을 뒤바꿔 놓은 짜릿한 무엇인가가 체코맥주에는 있었다. 투어를 마치고 숙소로 돌아오는 길에 슈퍼에서 맥주를 하나 사서 마셨다. 이상하게 낮에 마셨던 그 맛을 느낄 수가 없었다.

왜일까?

아마도 프라하성의 기품이 맥주와 잘 어울리는게 아닐까??? 프라하의 밤은 맥주의 끝 맛처럼 여운을 남기듯 깊어가고 있었다.....

혼자는 외로워

타이타닉만큼은 아니었지만 나한테
는 호화 유람선이었다. 북유럽이라는
단어는 유럽의 여러 나라들 가운데 에
서도 환상을 갖게 해주는 동화 속 주인
공처럼 느껴진다. 헬싱키에서 스톡홀
룸으로 가는 방법은 여러가지가 있겠
지만 난 유람선을 택했다.

다른 교통수단은 수 없이 타봤지만
호화 유람선은 처음이었기 때문이다.
가격은 생각보다는 저렴한 편이어서
만족감은 두 배였다. 바로 핀란드와 스
웨덴을 오가는 5000톤급 2800명 객

실의 13층 높이의 Silja line이었다. 방을 확인하고 짐은 내팽개치다시피 던져놓고 바로 선상으로 올라가서 찬 바람에 몸을 맡겼다. 그리곤 사우나, 쇼핑센타, 바, 레스토랑, 퍼포먼스 등등 볼거리는 구석구석 빠짐없이 찾아다녔다. 내부를 두 세번 돌아보고 난 후 지칠 때쯤 옆구리가 허전하다는 걸 그때야 느꼈다. 간혹 가족 단위의 무리들이 다니는것 말고는 주위를 돌아보니 모두가 연인이었다.

어쩌랴 ㅠㅠ 지금 난 혼자인 것을!

이번처럼 지독한 외로움을 느껴본 적도 없었을 것이다. 앞으로 이런 시간은 얼마든지 주어지겠지만 난 익숙해질 것이다. 익숙해 져야만 한다. 자유로운 영혼들의 로망을 꿈꾸면서 말이다.....

Drottningholm slott

프랑스에는 베르사이유 궁전, 스페인의 알함브라 궁전이 있다면, 스웨덴에는 Drottningholm slott가 있었다!!

17세기 로코코 양식으로서 1754년 완공된 것으로 영어로 'Queen's lslet', 여왕의 섬이란 의미를 가지고 있으며 1981년부터 스웨덴 왕가의 거주지로 사용되고 있다고 한다.

오래전에 유럽여행 할 때 베르사이유를 다녀와서 궁전의 이미지가 머리속에 박혀있었기 때문에 북유럽의 베르사이유라고 해서 호기심의 충동이 발동이 돼서 가게 되었다. 역시 유네스코에서 세계문화유산으로 지정할 만큼 빼어난 아름다움을 뽐내고 있었다.

사진촬영은 금지, 내부는 눈으로만 담을 수 있었다.
하나의 건축물이라도 멋과 자연의 조화를 테마로 설정한 듯한 소중함을 느낄수 있었다. 하늘은 맑고, 나무들은 울창한 숲을 이루고 분수대에서는 시원한 물줄기를 뿜어내면서 한낮의 열기를 식혀주었다... 자로 잰 듯한 잔디의 문양은 여간 정성이 아닌 듯하다. 자부심마저 느낄 수 있었다.

우리의 자부심은 무엇일까??

피요르드 가는 길

빙하의 계곡 Fiord를 아시나요?
난 노르웨이를 단순히 피요르드만
을 보기 위해서 들어갔다고 해도 과
언은 아니다. 빙하로 인해 침식이 되
어 만들어진 U자 또는 V자 형태의
계곡에 바닷물이 빙식곡(氷蝕谷)을
채워서 형성된 지형으로 대부분 매우
깊은 곳이다. 한자어로 협만(峽灣)이

라고 불리기도 하는 이 곳은 가는 길도 멀고 길었다.

오슬로에서부터 시작해서 Mydral-Farm-Gudvangen-Voss까지 기차,
버스, 배, 열차를 몇 번 갈아타고서야 숨겨진 피요르드를 볼 수 있는 Norway
in a Nutshell tour를 이용했다.

가는 길의 창밖은 또 어떠한가? 굽이굽이 이어진 산봉우리들은 목을 뒤로 젖혀야지만 볼 수 있어서 힘들었지만 감탄하기에 바빠서 아픈 줄도 모른채 일제히 사람들은 창 밖만 바라보고 있었다. 누군가와 이렇게 한 곳만 바라보고 달릴수만 있다면....

우리는 왜 각자 다른 곳만 바라보려 하는지... 배를 타고 2시간을 피요르드를 보면서 자연의 위대함과 아름다움에 감탄하면서 관광객들 모두 그저 말없이 바라보고만 있었다. 너무 경이로우면 소리조차 나오지 않는다는 걸 알았다. 우연히 만난 한국인과 초가을의 싸늘함을 따뜻한 커피향으로 몸을 녹였다. 새벽 5시에 출발해서 오슬로로 되돌아온 시간은 밤 10시를 넘겨서 였다. 비록 몸은 피곤했지만 마음만은 가볍게 휘파람을 불면서 돌아왔다. 기억 저편으로 피요르드로 가는 기차의 기적 소리가 울리는 듯했다....

길에서 만나다

옷깃만 스쳐도 인연이란 말이 있다. 외국에서도 이 말은 통했다.

숙소를 찾아가는 길에서 내 캐리어 가방은 갑자기 손잡이가 떨어져 나가더니 신호등이 깜박이는 중간에서 튕겨져 나갔다. 난감한 상황이 벌어진 것이다. 다급한 나머지 주저 앉고 말았다. 그 때 어디선가 나타난 금발의 미모의 여인이 순발력 있게 대처를 해서 모면을 할 수 있었다. 숙소를 찾아가는 길까지 천천히 안내해 주고는 약속이 있는 듯 급하게 사라졌다. 난 잠시 멈춰서서 몇 초 지난뒤 뒤돌아서 손잡이가 없는 가방을 끌다시피 하면서 그 여

인을 쫓아갔다. 우리는 다시 만났고 서로 연락처를 교환했다. 알고보니 약속
시간이 늦었는 데도 나를 끝까지 보살펴 준 거였다. 한 번은 공항에서 노르
웨이를 떠나 다른 나라로 가기 위해 남은 동전을 쓸려고 돈에 맞춰서 물건을
샀는데 계산을 하려고 보니 오히려 동전이 조금 모자랐었다. 그 상황을 본
중년 부인은 말없이 동전을 보태주는 게 아닌가! 난 거절할 수조차 없이 그
부인의 행동을 받아들이게 되었다. 그 부인은 작은 배려라고 생각할지 모르
지만 나한테는 큰 감동으로 다가왔다. 그 이유는 우리가 서로 아는 사람이
아니라, 우연히 그 시간에 길에서 만났기 때문이다.

   아직까지도 그 인연은 이어지고 있다....

IRELAND

로즈네 가족이야기

Hi! Dubiln!!

로즈와 나의 만남은 4년 전으로 돌아가서 부터다. 필리핀에서 어학연수를 하고 있을때 우연히 처음 만났다. 모든 것이 생소하고 조심해야 할 사항들을 꼼꼼히 알려주면서 보살펴 줬기 때문에 나에게는 잊을 수 없는 고마운 존재였었다.

내가 한국으로 떠나는 날 로즈도 남편이 있는 아일랜드로 아이들과 함께 떠났다. 우리는 서로 인연의 끈을 놓지 않고 이어나갔다. 일년 후 놀러오라는 약속을 지키러 아일랜드로 날아 갔었고, 이번이 두 번째 방문이 된 것이다.

이번엔 남편이 공항에 마중을 나왔다. 자동차는 로즈가 일하는 곳으로 달렸다. 남편의 실직으로 일을 하고 있는 모양이었다. 끝나는 시간에 맞춰 기다리는데 로즈의 얼굴이 보였다. 우리는 뜨거운 포옹을 하고는 똑같이 눈물을 흘리고 있었다.

　가슴으로 만나는 친구였다. 정성이 담긴 맛있는 저녁과 친구들의 환영, 그리고 무엇보다 편안한 잠자리가 그동안 쌓였던 긴장을 풀기에 안성맞춤 이었다. 우리는 유명하다는 Gaint's causeway를 가려고 새벽부터 서둘렀다. 장거리 운전이 필요한 곳인데도 남편은 항상 스마일이었다. 로즈와 나 그리고 남편과 딸은 웃음이 끊이질 않았고 비오는 궂은 날씨인데도 마냥 즐거웠다. Apple farm, Waterford, Northern island 등등...

　며칠을 나를 위해서 운전을 해주고 시간을 보내줬다. 물론 가족들과 함께 했다. 모두가 잠든 조용한 밤에 로즈와 나는 깊은 대화를 하면서 서로의 우정을 다짐했다. 그동안 말하지 못한 것들을 새삼스럽게 알게돼서 더욱더 가까워진 계기가 된 것 같다.

　가족이란 무엇인가?? 단지 혈연으로만 맺어진 관계는 아닌듯 싶다. 살아가면서 서로를 보듬어주고, 부족함을 사랑으로 감싸주고, 죽을 때까지 함께 할 때 진정한 가족의 의미를 깨닫게 되지 않을까 싶다.

　내 친구 로즈를 보면서 말이다...

우연한 만남-맘마미아를 보다

맘마미아!!!

우린 마드리드 중심가의 같은 숙소에서 만났다. 처음엔 제임스와 식당에서 만났고, 같은 일정으로 투어를 다니게 되었다. 그 날 같은 방을 쓰게된 한국인을 만났다. 우린 그렇게 처음엔 서로 모르는 사이였었다.

한국에서 이미 맘마미아를 보았었고 영화로도 제작돼서 몇 번을 보았지만 공연매니아인 나는 스페인에서는 어떨지 보고 싶어졌다. 공연을 좋아하는 나의 권유로 제임스도 처음 뮤지컬을 보려고 예매를 했고, 우린 시간에 맞춰 자리를 잡고 기다리고 있었다.

어라??? 어디서 많이 본 듯한 뒷모습이 아닌가??

같은방 한국인이었다. 그것도 바로 옆자리가 아닌가?

서로 공연을 본다고 약속한 것도 아닌데 그 시간에 그 자리에... 세상은 넓고도 좁다는 말을 우리는 경험으로 느낄 수 있었다. 공연이 끝나고 맥주로 뒷풀이를 하면서 한국에서 다시 만나자는 약속과 함께 헤어졌다.

난 이렇게 같은 사람을 여행하면서 몇 번을 만난 적이 여러 번 있었다. 우연한 만남치고는 정말 우연이었다. 우리는 여행을 마치고 한국에서 다시 만났고 그 때의 추억 거리를 안주삼아 소주와 삼겹살로 두 번째 뒷풀이를 했다. 지금까지도 만남은 계속 이어지고 있다. 만남은 또 다른 만남으로 이어진다.

플라멩고의 매력에 빠지다

정열의 나라 스페인 하면 무엇이 먼저 떠오를까?? 거의 많은 분들이 플라멩고라고 대답하지 않을까??

오랜 역사와 유적을 간직한 나라로 알고있지만 열정으로 가득한 끼를 플라멩고라는 춤으로 발산하려는 사람들.... 마드리드에서는 그런 모습을 엿볼 수 있었다. 플라멩고로 유명하다는 장소의 자료는 몽땅 뽑아왔기 때문에 고르는 일만 남았다. 그러나 규모와 가격대가 천차만별이어서 몇 군데 찾아다

246 너, 어디까지 가봤니? 낭,

녀본 후에야 결정할 수 있었다. 결정은 간단했다. 길거리에서 나눠준 공연포스터였다.

미리 예매를 해야해서 공연장을 가보았는데 규모도 크고 명성이 있는 것 같았다. 공연은 시작됐고 형형색색의 의상과 현란한 춤은 시작부터 매료시켰다. 손동작과 발동작은 정교함의 극치를 달렸고, 음악 또한 흥분을 증가시켰다. 중심부로 갈수록 주인공 남자의 화려한 춤솜씨는 모든 관중을 사로 잡았고, 외모에서 풍기는 카리스마는 예술인의 경지까지 보였다. 그가 춤을 출때는 숨이 막힐 듯 가슴은 요동쳤고, 소름이 돋을 정도로 강렬함이 느껴졌었다. 여운은 공연이 끝난 후에도 계속되었다. 적어도 그 공연을 본 사람들은 플라멩고의 매력에 푹 빠졌을 것이다. 마음은 굴뚝 같은데 몸이 따라주지는 않지만 나도 플라멩고의 매력에 빠져서 춤추고 싶어졌다 .

자꾸 보고싶어진 친구

이유 없이 보고 싶은 친구가 있었다. 그녀는 마요르광장 Information에서 일하는 중국인이었다.

　　마드리드의 유명관광지를 놓고 고심하고 있을 때 중요한 곳부터 차례대로 알려줬고, 덤으로 공연, 스포츠 정보까지 꼼꼼히 메모까지 해가면서 바쁜 와중에서도 나한테 시간 할애를 많이 해서 충분히 설명을 해주었다. 마드리드에 있는 동안 정보에 대해서는 그 친구 때문에 걱정이 없었다. 날 어렵지 않게 다닐 수 있도록 만들어 줬다. 며칠 후 스페인을 떠나는 날 난 그 곳을 찾아서 고맙다는 말과 함께 작별을 했다. 그리고 내가 좋아하는 하몽 샌드위치를 두 개 샀다. 두 개 중 하나는 그 친구 몫으로 샀다. 헤어지고 다시 가서 하몽 샌드위치를 건네고는 서로 포옹을 하는데 코 끝이 찡함을 느꼈다. 그 친구는 관광안내소에서 할 일을 했을 뿐이지만 나한테는 그 이상이었다.

　　우리는 연락처를 교환하고 한국과 중국을 방문하기로 약속했다. 주는 거 없이 미운사람이 있는가 하면 괜시리 보고 싶은 사람이 있을 것이다. 나한테는 그 친구가 괜시리 보고 싶은 사람이 된 셈이다.

　　보고싶다 친구야…….

내 친구 다이아나

　멕시코로 가는 길은 결코 쉽지 않았다.... 다이아나는 캐나다 여행할 때 잠깐 스친 친구였는데 메일로 연락은 계속 하고 있었다. 사실 멕시코는 조금은 두려움의 대상이긴 했었다. 그래서 다이아나가 공항에 마중나온다고 했을 때 마음이 놓였는 지도 모른다.

　새벽 3시쯤 도착, 우여곡절 끝에 다이아나를 보는 순간 울음이 왈칵 쏟아졌다. 부모님도 함께 나와 계셨고, 숙소까지 예약해 놓아서 편하게 자동차로 이동할 수 있었다. 우리

는 누가 먼저랄 것도 없이 이야기 보따
리를 풀기 시작했다. 다이아나는 연휴라
서 나를 구경시켜 준다면서 시내로 데려
갔다. 덕분에 두렵고 무서웠던 생각이
서서히 바뀌어가고 있었다. 차플테팩공
원, 박물관, 쇼핑센타, 지하철도 타고,
버스도 타면서 적응이 되어가고 있었다.
독립기념 200주년의 축제는 대단했다.

고대 마야, 아즈텍 문명을 자랑하듯
자부심 또한 하늘을 찌르는 듯 보였다.

연휴라서 상점이 거의 문을 닫은 상태였는데, 아침에 땀까지 흘려가면서 선
물을 사러갔다온 친구, 공항엔 부모님께서 배웅을 나오셨고, 어머님은 멕시
코 전통음악이 담긴 CD를 선물로 주셨다.

우리는 함께 껴안고 마지막
작별의 포옹을 했다. 내 얼굴
은 이미 눈물로 범벅이 되었
고, 콧물도 흐르기 시작했다.
멕시코를 떠나기는 더욱더
힘들었다. 그러나 떠나야 했
다. 다음을 기약하면서....

잘지내지 친구야???

250 너, 어디까지 가봤니? 넋,

소화제를 부른 과식

　한국음식점에 다이아나와 부모님을 초대하고 싶었다. 부모님은 일 때문에 스케줄을 맞추기가 힘들었고, 다이아나하고만 가기로 했다. 시내를 구경하

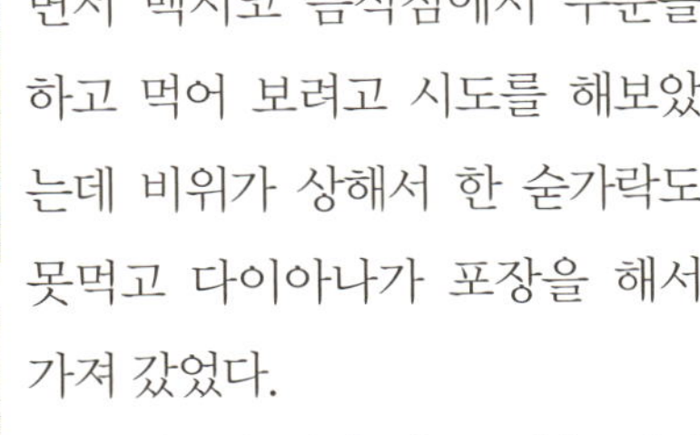

면서 멕시코 음식점에서 주문을 하고 먹어 보려고 시도를 해보았는데 비위가 상해서 한 숟가락도 못먹고 다이아나가 포장을 해서 가져 갔었다.

　난 한국음식이 먹고 싶을 시기였고 멕시코 음식은 맞지 않아서 다이아나를 한국음식점으로 초대를 했다. 투어를 다녀와서 늦은 시간 한국식당을 찾아 나섰는데 거의 문을 닫는 시간 이었다.

　수소문 끝에 찾아간 곳은 '마포갈비집', 한글 간판이 왜 그리 눈

에 선명하게 들어오는지... 우리는 갈비, 비빔밥, 김치찌개를 잔뜩 시켜놓고 천천히 먹었다.

　3,4인분은 돼보이지만 거의 다 먹은 셈이다. 배가 고프기도 했고 한국음식이 그리운 나는 인정사정 볼것없이 마구 입에 넣었다. 다이아나도 한국음식을 몇번 먹어봐서인지 좋아하는 눈치였다. 특히 갈비를 좋아한다고 했다. 부른

배를 두들기며 숙소로 돌아왔다. 나의 배는 남산만해졌고 소화제 없이는 도저히 잘 수 없게 되었다.

그래도 난 행복했다. 그 날의 그 맛을 어찌 잊을 수 있겠는가!

멕시카나 항공사의 파산

오 마이 갓갓갓!!!

여행은 때론 예기치 않는 소나기를 만날 때가 있다. 북유럽을 여행 도중 한국 여행사에서 온 메일을 체크하는데 갑자기 말문이 막혔다. 멕시카나 항공사의 파산으로 운항이 중단되었고, 한국에서 예매한 비행기 표는 쓸 수 없고 다시 다른 항공사의 루트를 알아봐야 한다는 소식이었다.

한국에서는 발빠르게 조치를 취해줬고, 나머지만 내가 해결해야 했고 돈은 돌려 받았다. 그게 전부는 아니었다. 스페인을 떠날때 멕시코에서 다른나라로 가는 비행기 표가 없어서 출국을 할 수 없다는 거였다. 방법은 하나 보고타 행 비행기 표를 사서 환불을 받으라는 거였다.

난 선택의 여지가 없었다. 그리고 스페인–보고타–14시간 공항에서 대기–멕시코로 가게 되었다. 파산의 후유증이었다. 스페인에서 멕시코로 직항으로 갈 수 있었는데 말이다.

이럴땐 행운은 어디로 도망 간걸까??? 그래서 멕시코의 길은 험난했던 거였다. 멕시코에서 환불을 받기는 더욱 힘들었다. 이런저런 핑게로 하루를 그

252 너, 어디까지 가봤니? 늦,

일 때문에 시간을 보내야 했다.

그 자리에서 환불은 받지 못했지만 한 달 후에 한국으로 돌아온 뒤에 통장으로 돈이 들어왔다. 소액의 수수료만 제외하고... 그런데 전화위복이란 말이 있듯이... 스케줄을 변동해야 했기 때문에 가고 싶었던 시카고를 갈수 있었다.

신혼여행 커플

마이애미의 버금가는 아름다운 해변을 자랑하는 칸쿤.....

신혼여행지로 연인들의 휴양지로 많이 알려진 칸쿤에서 한국인 신혼부부를 만났다. 유적지로 유명한 치첸이사투어에서였다. 신혼부부도 멕시카나항공사의 파산으로 피해가 많았다고 넋두리를 늘어 놓았다.

해가 쨍쨍했었는데 갑자기 소나기가 내리기 시작했고 우리는 우산을 준비한 사람이 없어서 그 비를 맞아야 했다. 여자는 임신 중이었고 비 때문에 힘들어 보여서 내가 가지고 있던 모자와 가디건을 빌려줬다. 더구나 카메라 배터리는 충전을 못해서 내 카메라로 찍었고 메일로 보내준다는 약속을 했다.

헤어질 때 모자와 가디건을 주면서 명함과 함께 식사대접을 하겠다고 했다. 그런데 난 아직도 사진을 보내지 못했다.

지금이라도 늦지 않았으니 연락해서 안부를 물어야겠다. 시간이 지나고 나니 미안함이 더 커졌기 때문이다.

CHICAGO

여기는 시카고!!!

시카고 공항이 이렇게 복잡하고 규모가 큰 줄은 상상도 못했었다. 양쪽 편의 트레인을 타고 지그재그로 왔다갔다만 몇 번을 하다가 나이 지긋한 관리인한테 안내소를 물었더니 손짓만하고 난 당황하다보니 무슨 말을 하는지 귀에는 들어오지도 않았다. 그때 미로슬로바가족이 내 레이다망에 들어왔다. 난 재빠르게 내가 가야할 숙소 주소를 보여주면서 가는 길을 물었다.

그런데 반갑게도 같은 방향이라고 태워주신다고 해서 신세를 지게 되었다. 부모님과 할머니 두분과 딸(미로슬로바) 그리고 내가 탔다. 숙소까지 안전하게 왔고 오는 길에 딸하고 우노 피자를 먹으러 가기로 약속하고 우리는 헤어졌다.

약속시간에 친구 한 명과 함께 차를 몰고 왔고 우리 셋은 시카고의 명물 우노 피자를 먹으러갔다. 가는 길에 가이드까지...빌딩 숲을 지나면서 일일이 설명까지 해주는 게 아닌가!

　피자값은 내가 내려는데 미로슬로바가 난 손님이니까 자기가 낸다고 굳이 말리는 것이다. 난 시카고에서 가보고 싶은 째즈바를 가자고 추천했다.

　내가 대접하려고 했다. 우리는 유명하다는 곳을 찾아서 멋있는 연주를 많은 사람들 틈에서 감상했다. 미로슬로바와 그 친구는 째즈바가 처음이라면서 좋아했고 고맙다고 했다. 오히려 내가 고마웠는데....시카고를 떠나는 날 공항가는 시간이 새벽이라고 했더니 새벽 4시에 자동차를 몰고 날 배웅하러 온 것이다. 내가 필요하다고 스치는 말로 했던 걸 기억하고 공CD까지 주는 게 아닌가?? 우린 공항에서 처음 만났고 공항에서 헤어지게 되었다. 시카고 공항에서....

삼각관계

이젠 혼자가 편하다.

시카고의 물가는 비싸다. 여행자 숙소 역시 비쌌다. 시내 중심에 자리잡은 나의 숙소는 깨끗했고 아침도 훌륭했다. 아침을 먹고 있는데 뒤에서 한국말이 들렸다. 우리는 서로 눈빛으로 인사를 하고는 몇 분이 흐른 뒤 합석을 하게 되었다.

여자 셋... 한국 속담에 셋이 모이면 어떻게 된다고 하던데 딱 맞았다. 같이 시내를 다닐 때만 해도 마음이 통하는 줄 알았다. 2,3시간이 지나면서 서로 삐걱대기 시작하더니 한 사람과는 자연스럽게 헤어지게 되었다. 그리고 나와 한 사람은 시카고를 떠날 때까지 같이 다녔다. 그래봐야 하루 같이 다닌 셈이었다.

우린 서로 연령도 비슷했고 뭐니뭐니해도 양보하고 이해하고 배려하는 모습이 보였기에 가능했다. 예전에 초창기 때 여행은 친구와 같이 다녔는데 모두 실패로 돌아갔었다. 그 뒤부터 혼자 다니는게 습관이 되었고, 좋은 점이 더 많았다. 앞으로도 장기여행은 혼자가 될 것 같다. 진정한 여행 매니아들은 언제나 혼자였던 것 같다. 나도 언제부턴가 자연스럽게 혼자가 되었다...

찜질방에서 생긴 일

L.A는 이번이 두 번째다.

공항에서부터 낯설지 않았다.

친구가 마중나왔고 근무 중인 친구를 기다리면서 시간 때우기에는 찜질방이 안성맞춤이라고 생각했다. 한인타운이어서 한국인들을 자주 볼 수 있었다.

난 그동안 쌓인 피로를 한꺼번에 풀었고 모처럼 편하게 휴식을 취할 수 있었다. 어느덧 시간은 저녁으로 빠르게 달려왔고 친구를 기다리는 중이었다. 휴게소 안락의자에서 TV에 눈을 고정하고 있을 때, 닭도리탕을 주문한 여자분이 주위를 두리번 거리더니 나한테 같이 먹자는 제안을 하는 것이다.

난 겉으로는 괜찮다고 했지만 속으로는 이미 배에서 요동을 치고 있었고, 장기여행으로 한국음식이 그리울 때였었다. 난 염치불구하고 먹었다. 우리는 친구가 올때까지 끊임없이 얘기를 했고, 서로 코드가 맞았는지 연락처도 교환하게 되었다.

그 분은 찜질방이 끝날 때까지 기다려줬고, 찜질방이 문을 닫을때 쯤 친구가 와서 헤어졌다. 그 시간은 늦은 밤 12시였다. 나 같았으면 그렇게 했었을까??? 못했을 것 같았다. 찜질방에서 닭도리탕을 먹을 수 있게 추억을 만들어주신 그 분께 감사하다는 말을 전하고 싶다. 언젠가 다시 만나면 찜질방에서 닭도리탕을 먹으면서 이야기 나누고 싶다.

아틀란틱 시티 가는 길

스릴 넘치는 공포영화를 찍다... 아틀란틱 시티는 뉴저지주 남동부에 있는 휴양, 도박의 도시로서 뉴욕, 필라델피아, 워싱턴에 사는 많은 사람들이 주말이면 한 주의 스트레스를 풀러 이 곳으로 몰려간다고 한다.

뉴욕에서 아틀란틱 시티를 갈려면 차로 3시간, 러시아워 때는 5시간도 걸린다고 하는데, 난 그 길을 버스를 타고 갔다. 운전사는 여자였고 출발부터 조금은 불안하긴 했지만 옆자리의 중년 신사가 친절하게 아틀란틱 시티에 대해 설명을 늘어놓는 바람에 정신이 없었다.

주말이면 그 곳을 10년이나 다녔다고 하면서 자기가 안내해 주겠다고 했다. 그런데 한국말로 "자금난, 부지부지 할아버지, 머니머니 할머니" 를 하는 게 아닌가??

난 한참을 배꼽을 잡고 미친듯이 웃었다. 한국사람 누군가가 알려줬다고 했다. 그러는 시간도 잠시 버스의 핸들은 돌아가다시피해서 전복될 뻔했고

다른 길로 치닫고 있었다. 고속도로 위에서 총만 안들었다 뿐이지 아찔한 순
간이었다. 버스 안은 온통 아수라장이 되었고, 사람들은 핸드폰으로 경찰에
신고할테니까 버스를 멈추라고 소리 질렀다. 욕을 하는가 하면 술취한 사람
취급까지 했다. 운전사도 놀란듯 했지만 소신껏 멈추지 않고 계속 달렸다.

난 영화를 찍는 듯 현
실이 믿어지지 않을정
도로 몸이 오싹 오그라
들었다. 손잡이를 꽉
잡은 채로 내 가슴은
쿵쾅거렸다.

옆자리의 중년신사
는 고수답게 침착했고,
태연한 척 나를 안심시켰다. 그렇게 난 4시간 넘게 달려왔다. 버스는 아틀란
틱 시티에 안전하게 도착했고, 버스 안의 사람들은 일제히 일어나서 박수와
환호성을 질렀다. 운전사는 무표정으로 아무일 없는 듯 도착절차를 밟고 있
었다. 공포영화는 해피앤딩으로 끝났다.

친구의 친구

친구야 고맙다!!! 뉴욕도 사실 두 번째다. 아주 오래전 이어서 기억은 가물
가물해졌지만 그래도 밑그림은 기억 속에 남아 있었다. 뉴욕행 비행기를 기

260 너, 어디까지 가봤니? 넌,

다리면서 친구와 전화 통화를 했다. 그 친구는 공항으로 마중을 나왔고 어색한 첫 인사를 나눈뒤 난 개인가이드를 고용한 듯 자동차를 타고 멋진 야경을 보면서 Queens boro Bridge를 재미있는 설명과 함께 건너서 Time Square에 도착했다.

무한도전에 나왔던 Think coffee에서 사진을 찍어야 한다면서 뉴욕에서 유명한 Ray's pizza를 먹으면서 이동했다. UN 총회때문에 방값도 비쌌고 방도 구하기 힘든 시기였는데 가이드의 권한으로 얻을 수 있었다. 내 가방 손잡이가 이미 망가져서 가지고 다닐 수 없게 된 걸 보고서 날 Woodbury(명품아울렛)로 데려가줬다. 난 조금 큰 걸로, 이왕이면 비싼 걸로 큰 맘먹고 장만했다. 거금을 쓴 셈이다. 이렇게 구입한 가방이 나중에는 어떤 일이 벌어

질지 아무도 몰랐지만....ㅠㅠ

　저녁으로 된장찌개와 엄마가 만들어준 듯한 반찬을 사왔다. 우리는 저녁을 먹으면서 많은 대화를 했고, 나의 고민을 진지하게 상담해 주기도 했다. 사실은 그 친구는 내 친구가 아닌 내 친구의 친구였다. 소홀할 수 있는 관계인데도 챙겨주는 모습이 고마웠다. 다시 Queens boro Bridge를 건너서 공항으로 가는 길이다. 다음에는 자기 친구랑 다시 한 번 꼭 놀러 오라는 말을 남기고 그는 사라졌다. 뉴욕의 가을은 깊어만 가고 있었다....

PERU

땅에서 별을 보다

페루의 수도는 Lima. 태양의 도시이자 잉카 제국의 수도였던 Cusco. 그 뜻을 살펴보면 케추아어로 '세계의 배꼽' 이라는 뜻이다.

남미의 첫 번째 관문인 페루... 남다른 독특한 문화와 문명을 간직한 채 천년의 고도에서 살아가는 쿠스코 사람들... 첫 인상부터 친숙함으로 다가왔다.

아르마스 광장에 서서 태양의 빛을 느끼고 있노라면 세상의 중심에 서 있는 듯한 착각이 든다. 특별한 무엇인가가 있을것 같은 곳! 설레임으로 다가온다. Catedral, 삭사이와망(요새), 지하저장고(Qenqo), Tambo bachay(왕이 목욕했던 곳) 등을 둘러보는 투어를 마치고 숙소로 돌아가는 길은 꿈을 꾸는 듯했다.

해발 2700m의 고지대에서 집을 짓고 사는 쿠스코인들의 밤은 빛났다. 크리스마스 트리에 걸어놓은 듯 작은 전구가 일제히 켜지면서 까만 밤을 수놓은 별처럼... 꼬불꼬불 대형버스는 드라이브를 하듯 천천히 별을 쫓는 듯 창밖 틈사이로 수놓고 있다.

이것이 정녕 하늘이 아닌 땅이었던가??? 하늘의 별이 아닌 땅에서 별을 보면서 내 마음도 빛나고 있었다. 보석처럼...

야속한 모기 1차 (와이나픽츄에서)

모기와의 전쟁은 시작되었다. 워낙 모기에 약한 편이어서 평소에 조심한다고 했는데, 결국은 남미 모기한테 당하고 말았다. 한 마디로 지독했다.

마츄픽츄(늙은 봉우리)를 마주보고 있는 와이나픽츄(젊은 봉우리)는 하루에 400명으로 인원이 제한되어 있는 곳이다. 난 그 곳을 가고 싶은 충동을 느꼈

264 너, 어디까지 가봤니? 낯,

다. 보기와는 다르게 험했고, 때론 무서워서 누군가 손을 잡아줘야 할 때도 있었다. 땀은 비오듯 쏟아졌고 화장실은 갈 수도 없는 상황이었다. 정상에서 바라본 마츄픽츄는 그야말로 그 어떤 수식어로도 표현할 수 없는 미지의 세계였다. 시원한 바람을 맞으며 한참을 머무른 것 같았다.

　내려가는 길 역시 만만한건 아니었지만 조심스럽게 한 발 한 발 내디뎠다. 다 왔다는 안도의 한숨으로 입구에서 잠깐 앉아있는 사이 양팔만 무차별하게 뜯긴 것이다. 그 후유증은 바로 나타나지 않았고 그 날 새벽 난 잠을 이룰 수가 없었다. 긁어대느라 양팔이 빨갛게 부풀어 올랐다. 긁다 지쳐서 잠은 들었고, 다음날 너무 심해서 바르는 크림을 사야했다. 끝내는 약국 신세를 져야했다. 영광의 상처치고는 너무나 컸었다.

줄을 서시오(신비한 세계 마츄픽츄)

Machu Picchu!! Machu Picchu!!
　세계 7대 불가사의한 곳...페루 중남부 안데스 산맥에 위치하고 있는 잉카 후기의 유적!! 하늘과 땅이 맞닿은 잉카문명이 살아숨쉬는 남미여행의 꽃이라고 할 수 있는 곳... 잉카인들이 아리랑이라 불리는 El condor pasa는 사이먼 앤 카펑클의 노래로 널리 알려져 있지만 그 가사는 실제 의미와는 전혀 다르다는 걸 아는 사람은 드물 것이다. "Condor" 어떤 것에도 얽매이지 않는 자유 호세 가브리엘 콘도르칸키의 죽음은 이 나라 사람들에겐 영웅이 되었다. 콘도르 독수리 역시 신성시돼서 그의 비상한 날개가 되어 하늘을 자유롭게 날아다니는 지도 모르겠다. 마츄픽츄로 가는 길은 쿠스코에서부터 시작된다. 머나먼 길을 찾아 난 여기에 섰다. 새벽공기를 가르며 줄을 길게 서 있는 여행객들을 보면서 살아야 하는 의미 마저 느끼게 해준다. 도저히 아리송한, 인간이 만들었다고는 상상할 수 조차 없는 정말 불가사의한 곳... 잠시나마 하늘을 날고 싶은 새가 되고 싶었지만, 보이지 않는 발자국을 남긴 채 난 아쉬움을 남긴 채 발길을 돌릴 수 밖에 없었다.

Forever!! Machu Picchu!!!

모기의 후유증

아이! 가려워!

페루에서 물린 모기는 볼리비아에서 절정을 이루었다. 밤낮으로 가려운데다 잠을 이룰 수 없었다. 약으로도 해결이 안되니 민간 요법이 생각났다.

새벽에 담배를 사서 물린 자리를 미친 듯이 마구 지져댔다. 담배를 싫어해서 연기만 맡아도 얼굴이 찡그려지는 나였는데, 이런 상황이 되니까 코가 감각을 잃었는지 아무렇지도 않았다.

가려움은 해결되었고 진정시킨 뒤 잠이 들었다. 아침에 일어나니 엉뚱한 일이 벌어졌다. 지진자리가 물집이 잡혀서 부풀어 오른 것이다. 징그러웠고 무엇보다 닿을 때마다 물집이 터져서 아팠다. 난 과감하게 물집을 모두 터트리고 아무는 약을 발랐다. 딱지가 앉을 때까지는 일주일이 넘게 걸렸다.

이렇게 때로는 무식한 방법으로 처리해야 할 때도 있는 게 여행이었다. 누구도 도와주지 않는, 그야말로 대신 아파해 줄 수도 없는게 여행이자 인생의 냉혹한 진리이기도 하다.

반 년이 지난 지금도 상처는 남아있고, 다행히 아물어간다. 그러나 난 이 상처를 보면서 그 때를 생각하지만 아물어 가는걸 보면서 기억조차 아물어 가는게 섭섭하다....

Uyuni 소금사막을 아시나요?

남미 여행의 하이라이트 Uyuni!!!

여행 시리즈책을 보면 죽기전에 꼭 가보고 싶은 곳에 반드시 들어가 있는 곳, 그 곳이 바로 우유니 소금사막이다. 볼리비아 포토시 주(州)의 우유니 서쪽 끝에 있는 소금으로 뒤덮인 사막.. 그 넓이가 10,582 km²에 이르며, 우리나라의 전라남도와 비슷하다고 하니 언뜻 그 규모를 가늠 할 수 없을 정도다.

볼리비아 국민이 수천 년을 먹고도 남을 만큼 막대한 양에다가, 소금 총량은 최소 100억 톤으로 추산되며, 두께는 1m에서 최대 120m까지 층이 다양하다고 하다. 지각변동으로 솟아 올랐던 바다가 빙하기를 거쳐 2만 년 전 녹기 시작하면서 이 지역에 거대한 호수가 만들어졌는데, 비가 적고 건조한 기후로 인해 오랜 세월이 흐르는 동안 물은 모두 증발하고 소금 결정만 남아 형성되었다.

사막 한가운데는 선인장으로 가득한 '어부의 섬' 이 있어서 신비함을 더한다. 하늘과 맞닿은 곳, 소금으로 뒤덮여서 세상이 온통 하얗게 보이는 곳....

이 곳이 바로 지상낙원이 아니겠는가??

268 너, 어디까지 가봤니? 낳,

많은 사람이 죽기 전에 가보고 싶은 곳을 왔으니 지금 죽어도 여한은 없다.다만 죽을 만큼 아름다웠다고 자신있게 말하고 싶을 뿐이다...

누구세요?(소금사막투어)

누구세요? 누구세요?? Who?? Who??

그 아름다운 곳을 보려고 투어를 신청하는데 2박 3일이 보통이다. 나도 적당한 가격에 신청을 하고 밤 버스로 우유니에 아침에 도착했다. 일행 6명과 운전사, 가이드 이렇게 8명은 4륜구동 지프차를 타고 지붕에는 여행자의 짐을, 뒤에는 3일 먹을 식량을 싣고 드디어 출발!

긴 여정은 드디어 시작되었고, 얼마쯤 지났을까? 우유니가 나왔다. 이 순간을 영원히 간직하기 위해서 기념사진을 찍고, 서로 다양한 포즈로 단체사진도 찍고, 우리들은 금방 친구가 되었다.

오늘은 소금호텔에서 자는날.. 소금침대, 소금식탁, 소금의자, 모든 게 소금으로 만들어진 집이었다. 우리는 맥주로 목을 축이고, 이야기를 하면서 저녁 식사를 즐겼다.

일찍 잠자리로 들어갔고, 난 혼자 자는 걸로 방 배정을 받았다. 10시쯤 불은 자동으로 꺼지고 난 잠이 들었다. 갑자기 삐직삐직 소리가 나더니 누군가가 들어오는 소리가 들렸다. 당황한 나는 누구세요? 라고 외쳤고 2초후에 다시 Who? 라고 몇 번을 외쳤지만 어두워서 누군지는 볼 수 없었다. 그는 내 고함소리를 듣고 바로 사라졌고, 난 다른 방 사람과 바꿔서 잤다.

아무리 생각해도 난 그를???

친구들(소금사막투어)

2박 3일은 결코 길지 않았다...

국적과 개성이 다른 6명과 일사 불란하게 움직이면서 우리는 한 가족처럼 지냈다. 4000m가 넘는 고원지대라서 추위에 떨고 있을 때 말없이 장갑과 모자를 가져다주었고, 혼자 자기 위험하다고 커플이 자는 방에서 함께 자기도 하고, 게임을 못하는 나를 위해서 느긋하게 기다려 준 친구들이 있었기에 가능했다.

지프는 끝없이 펼쳐진 광활한 대지를 몇 시간씩 달리기도 하고, Laguna colarad의 홍학 떼를 만나기도 하고, 간헐천의 뜨거운 열기도 느끼기도 하고, 마지막 날에는 피로를 풀 겸 온천에 몸을 담그기도 하고, 고산병 증세는 가끔 나타났고, 제대로 씻지 못해서 몸에서는 냄새가 났고, 잘 때는 몇 겹의 옷을 입고 추위와 싸워야 했다.

그래도 우리는 하루하루 즐거웠고, 날이 갈수록 행복했다. 난 칠레로 넘어가야 했고, 그들과 헤어져야 했다. 칠레 국경에서 우리는 가슴으로 포옹을 했고, 뜨거운 눈물을 흘렸다. 특히 사라는 나를 많이 챙겨주었기에 누구보다 헤어짐은 더욱 아쉬웠다. 3일은 그렇게 순식간에 지나갔고, 난 그들을 평생 잊지 못할 것이다... 우유니에서의 2박 3일을.

야밤에 길을 잃다

멋쟁이 택시기사 아저씨...

칠레행 비행기는 밤에 도착했다. 여행안내소에서
지도와 전철 노선도를 가지고 전철을 탔다. 이방인
처럼 보인 나를 공항에서 일한다면서 위험하니까
나의 목적지 근처까지 같이 동행해 줬다. 그녀와 난
역에서 헤어졌고, 난 내리자마자 택시를 기다리고
있었다. 누군가가 택시를 안전하게 잡아주면서 친
구하고 싶다고 다가왔다. 메일을 교환했다. 난 택시
를 타고 숙소로 가는 중이었다. 택시기사는 거의 다
온 것 같은데 지나가는 사람들한테 물어보고, 그 자
리를 맴도는 것이었다. 난 불안해지기 시작했고, 왜
그러냐고 물었다. 밤이라서 헷갈린다고 미안하다고

하면서 날 안심시켰다. 택시기사 아저씨는 시간이 지연되었을 뿐 목적지까지 안전하게 날 내려줬다. 그런데 요금을 안받겠다고 하는게 아닌가? 늦은 시간에 헤맸기때문에 미안해서 돈을 안받겠다고 했다. 그리고는 다급히 사라졌다. 난 이런 택시기사 아저씨를 만나본 적이 없었다. 아직까지 한 번도, 어느 나라에서도, 한국에서도, 단, 칠레에서 만났다.

아쉬운 밤

　하룻밤의 이야기!! 거창하게 들릴지 모르지만 아쉬움이 남는 밤이었다. 난 늦은 시간 칠레에 도착했고, 아르헨티나로 가는 비행기 티켓을 예매해야 했다. 여행사를 갈 수 있는 시간도 없거니와 외국에서 인터넷으로 예매한 적은 더더욱 없었다. 난 같은 방에 있는 옆자리 친구한테 부탁을 했고, 그 친구는 기꺼이 승락을 했다. 많이 늦은 시간이었기 때문에 미안했다. 예약은 성공했고, 카드로 결제는 안돼서 계속 여기저기 알아보고, 물어보기를 반복했다. 시간은 이미 2시간이 흘렀고, 새벽 2시를 가리키고 있었다. 난 내일 알아보기로 하고 친구와 함께 잠자리로 갔다. 다음날 그 친구는 끝까지 알아봐 줬고, 무사히 결제를 할 수 있었다. 비록 공항까지 갔지만 말이다. 해결이 될때까지 끝까지 챙겨준 그 친구하고는 딱 하룻밤만 같이 있었다. 그래서 더욱 아쉽다. 그 친구는 아르헨티나에서 칠레로 여행을 온 친구였다. 하룻밤만 더 있었어도 많은 이야기를 나눌 수 있었을 텐데... 헤어짐과 만남은 항상 아쉬움 속에서 이루어지는 것 같다.

ARGENTINA

탱고에 빠지다

La Boca라고 들어보셨나요?

산텔모 지역에서 남쪽으로 작은 만을 이루고 있는 최초의 항구 보카 항... 바로 탱고의 발상지로 알려진 라보카 (La Boca)다. 투어 버스는 우리를 보카 항 한가운데 Caminito골목에 풀어 놓았다. 형형색색의 이 곳은 쓰다 남은 페인트로 칠해졌다고 하지만 색상의 조화가 아름다워서 관광객들은 너도나도 할 것 없이 줄을 서서 사진을 찍어

대느라 정신이 없어보였다.

바로 앞에서는 커플들의 현란한 춤솜씨가 이어지고 가는 곳마다 레스토랑 앞은 공연장을 방불케 했다. 섹시한 의상과 정갈한 정장은 보는 이로 하여금 단숨에 빠져들게 하기에 충분했다.

난 공연을 예약했고 정식으로 탱고의 맛을 느끼고 싶었다. 테마와 이야기가 있는 탱고... 2시간 동안 가지 각색의 의상과 춤을 선보여준 공연은 나를 만족시켰다. 그 때부터 내 몸은 꿈틀거리기 시작했고, 플라멩고든 탱고든 아니면 살사든... 한국 돌아가면 꼭 배워보리라 속으로 다짐했었다.

아참!! 아직까지 실천은 못했다. 왜냐면 난 몸치이기 때문이다.

이과수 폭포

세계 3대 폭포 중의 하나인 이과수 폭포는 브라질, 아르헨티나, 파라과이 이렇게 세 나라의 국경에 접해 있으며, 높이는 82m이고, 너비는 북아메리카에 있는 나이아가라 폭포의 4배인 4㎞의 광활한 규모를 자랑한다.

Macuco safari를 이용해서 입구에서 부터 20분 정도 통나무로 만든 트레일을 타고 만나는 폭포는 그 소리가 '악마의 목구멍' 이라는 별명을 갖고 있을 정도라고 한다. 그리고는 보트를 타고 폭포 가까이에서 느끼는 시간이다.

숨을 쉴 수 없을 정도로 쏟아지는 물줄기, 눈은 당연히 뜰 수 조차 없는 아찔한 순간, 배 안은 고함 소리로 가득했고, 나도 가슴에 맺힌 그 무엇을 내뱉고 있었다.

어느 새 옷은 젖어서 비맞은 생쥐가 되어 있었다. 우비를 입은게 무색할 정도였다. 나이아가라도 캐나다와 미국 쪽을 모두 감상해야 하듯이, 이과수도 아르헨티나와 브라질쪽에서 봐야만 한다. 꼬박 이틀이 소요된다. 앞으로 하나의 목표가 또 생겼다.

나이아가라, 이과수를 보았으니 마지막으로 빅토리아를 보는 것이다. 기다려~~ 빅토리아!!

내 생애 최고의 생일

Happy birthday!!! 비행기는 아르헨티나 공항을 출발해서 이과수 주에 있는 공항에 도착했다. 세계 3대 폭포인 이과수 폭포를 보러가기 위해서였다.

그 날도 비행기는 무사히 공항에 도착했고, 가방을 찾으려고 기다리고 있었다. 이상한 예감이 들었다. 평소보다 늦게 내 가방이 나왔다. 예감은 적중했고, 가방은 모서리가 정교한 칼로 찢겨져 있었다. 이 가방이 어떤 가방 인데, 뉴욕에서 거금을 주고 장만한 새 가방인데... 난 처음 당한 일이라서 당황스러웠고 항의를 했다.

그러나 직원들은 눈 하나 깜짝하지 않은 채 볼 일을 보는게 아닌가? 더 화가났다. 억울함에 눈물이 쏟아졌다. 나중에 알고 보니 누군가가 이 나라에서는 흔히 있는 일이라고 없어진 물건이 없는 것만으로도 다행이라고 했다. 임시방편으로 항공사에서 수선은 해주었지만 그 자리는 깔끔하지 못했다.

그 가방을 들고 한 달 반을 더 다녔다. 아르헨티나 경찰의 도움으로 서류를 작성해 주었다. 한국에서 보험처리를 받아서 보상은 받았지만 꿰맨자리는 볼수록 기분이 안좋았다. 그 날은 행복해야 될 내 생일이었지만 아이러니하게도 최악의 생일이 되고 말았다.

야속한 모기 2차

모기는 나만 좋아하나봐!!! 양팔뚝엔 영광의 상처가 남아 있었지만 한동안 모기에서 해방된 듯했다. 이과수 폭포를 가까이에서 느끼기 위해서 보트를 기다리는데 다리 쪽에서 무언가 따끔거렸다. 대수롭지 않게 생각했고, 가렵길래 조금 긁었다.

아뿔사!!!
갑자기 부풀어 오르더니 종아리 쪽이 풍선처럼 부풀어 오르기 시작하더니 걷는 것도 부자연스러워지기 시작했다. 상태는 심각해 보였다. 난 겁이 났다. 운전사가 약국으로 안내해줬다. 약국에서는 의사를 불러야 한다면서 진찰비가 따로 들어간다고 했다. 난 돈이 문제가 아니었다. 울컥 눈물이 뺨으로 흘러 내렸다. 의사는 20분 쯤 후에 도착했고, 주사를 놓고 먹는 약과 바르는 약을 일주일치 처방까지 해주었다. 그리고는 날 안심시켜 주었다. 의사는 스페인어만했고 난 못 알아들었다. 옆 가게 여행사 직원의 도움으로 영어로 의사소통을 할 수 있었다. 일주일쯤 지난 후 말끔히 치료가 되었다. 이젠 모기에서 벗어나고 싶다.

BRAZIL

브라질 경찰

축구의 본고장 브라질!!

2014년엔 브라질 월드컵이 상파울루에서 개최된다고 하니 기대가 크다. 열정을 간직한 쌈바의 나라… 정열의 리우카니발 〈쌈바축제〉의 화려함을 가진 나라…

리베르다네 동양인 거리를 지나서 비즈니스 거리인 아우쿠스트와 파올리스타에는 빌딩 숲이 즐비하게 늘어서 있고, 정장차림의 Paulistanos(상파울로 사람들)이 경제의 중심을 이끌어가는 듯 활기에 넘쳐 보였다. 성당으로 가는 길은 경찰들로 깔려 있었다. 그 중의 한 명한테 난 길을 물었다. 겁대가리를 상실한 채로...

그런데 영어를 하는 경찰을 부르더니 몇 명은 나를 둘러싸고 대화를 신기하게 보고 있었다. 스페인어가 통용되는 남미는 영어의 사용이 쉽지 않을 때가 많다.

우리는 영어로 대화를 하면서 친구가 되었고, 연락처를 교환했다. 상파울로를 안내해 주겠다는 약속을 하고 헤어졌다. 마지막날 우리는 만났고, 박물관과 한인타운을 소개해 주었다. 시간이 모자람을 아쉬워하면서 다음을 기약했다. 꼭 한국 음식을 같이 먹자는 약속을 하면서...

공항가는 버스를 기다리면서 우리는 가벼운 포옹을 했고, 비가 추적추적 내리는 날 그의 뒷모습은 외로워 보였다. 한국에서도 경찰 친구가 없는 나는 든든한 브라질 경찰과 친구가 되었다...

환상의 Rio de janeiro

세계 3대 미항중의 하나인 Rio de janeiro!!! One day tour로 명소를 찾아 나섰다. Cancun과 비교해서도 손색이 없을 만큼 아름다운 해변을 자랑하는 Copacabana beach를 지나서 우선 Corcovado언덕에 있는 예수님 상으로 갔다. 인간의 한계를 느끼게 하는 거대한 조각상은 보는 이로 하여금 경이로움을 갖게 했다.

축구를 좋아하는 나는 Stadium에 도착했을 때 먼저 호나우두의 발자국을 제일 먼저 찾았다. 그리고 가상 스크린에서 브라질 축구 선수들과 기념 촬영도 한 장, 찰칵! 쌈바 축제가 열린다는 거리를 배경으로 우리는 섹시한 폼을 잡고 사진을 찍었다.

성당 메트로폴리타나(Catedral Metropolitana)는 리오의 상징이자 경이로움의 극치를 보여주는 건축물이었다. 마지막 코스는 sugar loaf... 설탕이 흐르는 것처럼 보인다고 해서 이름 붙여진 그 곳은 케이블카를 이용해야지만 갈 수 있었다. 도착했을 땐 석양이 지고 노을이 붉게 물들고 있었고, 발 아래 펼쳐진 바다와 수많은 배들은 고요히 자태를 뽐내며 떠 있었다.

이보다 더 아름다울수 있을까??? 아름다운 곳은 혼자 보기 정말 아깝다는 생각을 그 때 아주 많이 했었다...

바바라를 만나다

Rio de janeiro는 나의 여행루트에는 없었다. 순전히 친구의 권유로 가게 된 것이다. 그래서 겸사겸사 급하게 바바라에게 연락을 취했고 우리는 만나기로 약속을 했다. 바바라는 내가 캐나다에서 어학연수를 하고 있을 때 같은 반이었다. 우리는 항상 7,8명이 뭉쳐서 스터디도 하고 주말이면 가까운 근교로 여행을 다녔었다. 3개월뒤 우리는 연수를 마쳤고 난 남미로 여행간다는 약속을 하고 헤어졌다.

그로부터 2년 뒤 난 그 약속을 지켰고, 나는 바바라가 사는 리오에 그것도 아름다운 해변을 끼고있는 Copacabana beach에서 재회를 했다. 바바라도 나를 만나기 위해서 2시간동안 버스를 타고 리오에 왔다고 했다. 우리는 점심을 먹으면서 밀린 얘기, 그때의 추억을 되살렸다. 믿어지지 않는 만남이었다. 시간은 우리를 머무르게 하지 않았다. 난 떠나야할 시간이 됐고, 바바라와 헤어졌다.

다시 만날 것을 다짐하면서... 우리는 웃으면서 서로를 보냈다. 짧은 만남, 긴 헤어짐일지라도...

Bye, bye... Babara...

DUBAI

세계는 지금

　최고급 7성급 호텔을 자랑하는 버즈 알아랍... 두바이는 뭐든지 최고, 최초, 최대를 붙여야지만 어울리는 듯 했다. 사막에서의 기적을 막대한 자금으로 일구어낸 신흥국.... 비즈니스의 산실처럼 보였다. 울창한 빌딩숲, 상상을 초월하는 고가의 쇼핑몰, 최고의 시설을 자랑하는 듯 최첨단 시설을 갖춘 미래의 도시처럼 보였다. 전 세계의 부자들을 끌어 들일만한 뭔가 특별함이 두바이에는 있었다. 우리나라에서도 빌딩건설에 참여하여 두바이 시내 한복판에 우뚝 서 있었다. 7성급 호텔 버즈 알아랍은 구경만 하는데도 입장료를 내야 한다니 돈 없는 사람은 서럽기까지 했다. 부자들의 특권은 어디까지 이어지는걸까? 난 쥬메이라비치 백사장에서 기념촬영으로 만족해야 했다.

　밤에 본 버즈 알아랍 호텔의 불빛은 있는 자들의 화려한 보석처럼 유난히 반짝거렸다. 나중에 부자가 된다면 그 곳에서 하룻밤 자고 싶다... 물론 사랑하는 사람과 함께.... 꿈은 이루어진다...

사막 사파리 투어

Let's go!!

두바이에는 뭔가 특별한 것이 있다?? 사막을 볼 수 있기 때문이다. 난 친구와 함께 투어를 신청했고 4륜 구동차가 우리를 데리러 왔다. 한참을 달린 후 붉은 사막이 보이더니  모래바람은 휘날리고 있었다. 많은 투어 차량의 긴 행렬 또한 장관이었다.

let's go!!! 가이드겸 운전사는 한마디 내뱉었다. 우리는 바로 사막을 질주하기 시작했다. 울퉁불퉁, 꼬불꼬불, 공중 곡예를 하는 듯, 청룡열차를 탄 기분이라고 할까? 푹푹 빠지는 사막도 걸어보고... 올라갔다 내려갔다를 반복하기를 계속하고 있을 때 석양은 붉은 사막에 붉은 노을로 비춰지면서 불바다로 수를 놓고 있었다. 모든 사람들은 숨죽여 한 곳만 바라보며 무아지경에 빠진 듯 아무 말이 없었다.

내 가슴도 이글이글 타오르고 있었다...

세계에서 가장 높은 Burj Kalifa빌딩

세계의 중심에 서다!!! 같은 숙소에서 만난 우리는 국적은 서로 달랐지만 마음은 처음부터 통했다. 뜨거운 아스팔트를 헤치고 세 명이어서 버스보다는 택시를 이용해서 시내로 갔다.

쇼핑몰, 유명한 호텔들을 지하철을 타면서 찾아다녔다. 남자 1명, 여자 2명 서로 양보하고 조금씩 이해하는 과정에서 트러블은 없었다. 우리는 갈리파로 갔다. 표가 매진이어서 전날 예매를 해야 했다. 124층에서 바라본 두바이는 상상 그 이상의 모습을 하고 있었다. 시카고의 빌딩 숲과 다를게 없었다.

우리는 서로서로 돌아가면서 사진을 찍느라 바빴고, 한 바퀴를 돌고 또 한 바퀴 돌고 계속 반복하면서 아래로 아래로 시선을 돌렸다. 난 마치 그 빌딩의 주인인 양 어깨가 펴졌고, 세상의 한 가운데에 서 있는 느낌이었다.

우리는 그 곳에서 말없이 얼굴만 바라보았다. 입을 크게 벌린 상태로....

첫 인상

첫 인상의 중요성!!! 공항은 깔끔하고 최신식 시설에 세련되어 보였다. 거리제로 운행하는 택시를 타고 Y.H로 찾아갔는데 예약을 안해서 방이 없었다. 다른 곳으로 이동하는 도중 내가 가려는 곳을 벗어나서 다른 호텔로 가는 것이다. 일방적으로 그 호텔에 멈추더니 내가 가려는 곳은 문을 닫았으니 이 곳에서 지내라고 했다. 난 어이가 없어서 거절하고는 그 곳으로 가자고 했다. 택시비를 더 요구하고는 못간다고 길거리에서 버티는게 아닌가?? 나도 질세라 돈은 못준다고 했다.

내가 가방을 꺼내려고 하자 그 곳으로 가겠다고 했다. 이게 웬일인가?? 그 곳은 버젓이 영업을 하는게 아닌가?? 난 억울함에 눈물을 흘리고 말았다. 안내데스크에서 일하는 일본인은 내용을 듣고는 도움을 주겠다고 날 친절히 다독여 주었다.

뒷골목의 쓰레기, 거리의 걸인, 개, 돼지, 소, 고양이 등이 얽혀서 사는 모

습은 내 머릿속처럼 복
잡해 보였다. 인도의
첫 인상은 이렇게 혼란
스럽게 다가왔고, 문화
의 차이를 크게 느낄
수 있는 계기가 되었
다. 여행자마다 느끼는
차이는 있겠지만, 개인
적으로 다시는 가고 싶
지 않은 곳으로 기억될
것 같다....

목마른 가슴에 물을 적시다

한국물 드릴까요?? 물이 귀한 곳에서 물을 선물 받았다. 사막에서 오아시스
를 만나듯 우리는 물 한 병 때문에 만나
게 되었다. 뉴델리에서의 만남도 잠시,
우리는 코스는 같아도 시간 차는 조금씩
달랐기 때문에 운이 좋으면 만날 수 있는
루트였다. new delhi-pushikar-
jaipur-agra-new delhi로 돌아오는 일

288 너, 어디까지 가봤니? 넌,

정이었다. 그 넓은 땅덩어리에서 만나기는 쉽지 않았다. 자이푸르의 숙소 이름을 알려준게 생각이 나서 라마다 호텔로 확인전화를 했다. 그가 있었다.

우리는 연락이 닿았고, 저녁에 내가 있는 곳으로 왔다. 이렇게도 만날 수 있구나!!! 우리는 호텔에 딸린 식당에서 저녁을 먹기로 하고 자리를 잡았다. 와인도 한 잔 하면서... 여행지에서의 대화는 진지하게 때로는 진실되게 만드는 것 같았다. 우리는 5시간을 계속 대화했고, 한 번도 지겹다고 생각한 게 아니라 서로 먼저 말을 하려고 기다리고 있었다.

식당문이 닫힐 때쯤 우리는 헤어졌다.

그 뒤로 한국에서도 인연은 계속이어졌고, 만날 때마다 그 때 일을 추억하고 있다.

좋은친구,
좋은추억으로....

눈물의 김치볶음밥

　"안녕하세요" 나는 먼저 인사
했다. 돌아온 대답도 "안녕하세
요"였다. 한국사람이었다. 나는
그 어느 때보다도 반가운 마음에
서로 웃음 꽃을 피웠다. 여행의
끝은 어느덧 몇 고비를 넘어서
마지막 종착역인 네팔 한가운데

에 나를 데려다 놓았다. 그 동안 체력을 조절한다고 했지만 마지막이라는 단
어가 말해주듯 몸 상태는 그리 좋지는 않았다.

　반면에 한숨을 돌릴 수 있어서 마음은 한결 편해서 무거운 짐을 내려놓은
듯 가벼웠다. 특별히 트레킹이라는 나에게는 색다른 도전이 기다리고 있었기
에 남다른 시간을 보낼수 있을거란 기대반 설레임반으로 카트만두에서 짐을

풀었다. 나는 앞서거니 뒤서거니 천천히 인사를 하면서 그분들과 이야기를 나누면서 어느 정도는 친분을 유지해서인지 그 동안 맛보지 못했던 한국에서 금방 날아온 초코파이, 양갱, 컵라면, 마른오징어까지 나의 배낭에 더 이상 들어갈 틈이 없을 정도로 챙겨주셨다. 점심때였다. 코스가 그 날은 같았기 때문에 점심을 초대해 주셨다. 메뉴는 김치볶음밥, 뿌리칠 수 없는 메뉴였다. 미리 식사팀은 준비를 해 놓고 우리를 기다리고 있었는데, 준비를 하는 사람들은 내가 합류한다는 걸 몰랐기 때문에 13인분을 14인분으로 나눠서 각자 조금은 부족한 듯해 보였다.

생각보다는 식탁이 훌륭했고, 네팔의 히말라야 트레킹을 하면서 한국 음식을 만날거라고는 상상도 못했기에 잔잔한 감동이 밀려오는데, 첫 숟가락을 뜨는 순간 왈칵 닭똥같은 눈물이 앞을 가리면서 내 시야는 홍수가 나고 있었다. 앞이 안보였을 때 내 옆에 앉은 처음 만난 아주머니가 휴지를 식탁 밑으로 건네주시면서 나를 진정시켜 주셨다. 나중에 알고보니 몇몇 분들은 가슴이 뭉클했다고 하셨다.

남은 시간은 발걸음이 더욱 가벼웠고, 해질 무렵 어스름해졌을 때 저녁을 또 초대 받았고, 난 그분들과 다른 숙소에서 짐을 풀고는 가이드와 함께 까만밤에 손전등 하나로 그 분들이 머무르는 숙소로 찾아갔다. 코 끝이 차가운 날씨였지만 마음만은 따뜻했다.

그날따라 하늘엔 별이 유난히 반짝였고,내 가슴으로 쏟아졌다. 그 분들의 가슴에도 쏟아졌으리라 믿으면서 돌아왔다.

친절한 산타

Hi!! 산타!!

산타는 히말라야 트레킹의 내 가이드 이름이다. 첫 인상부터 스마일이었고, 나를 편안하고 안전하게 안내해 주는 모습이 고마웠다. 물론 가이드의 신분이란걸 알지만 그 이상으로 우리는 서로를 알아갔다. 파트너쉽을 발휘해서 즐거운 트레킹의 시간을 보냈다. 3박 4일의 일정이었는데, 하루에 5시간을 걷는 트레킹이니 그 시간에 이야기는 저절로 나올 수 밖에... 가족사, 취미, 스포츠, 음식에 이르기까지... 끊임없이 주거니 받거니 하면서 걸었다. 서로를 잘 안다고 생각했을 때 사업이야기까지 오고갔다. 카투만두에 여행사를 차리고 싶은 마음은 둘다 통했다. 우리는 구체적으로 계획을 세우자고 했고, 나도 동의를 했다. 트레킹은 더욱 흥미로웠다. 무사히 긴 일정을 마치고 돌아왔다. 한국으로 돌아오면 바로 추진할 것 같았는데 아직도 제자리다.

사업은 아무나 하는게 아닌 것 같다. 그러나 산타와는 아직도 메일로 연락을 한다. 사업 파트너의 인연을 이어가고 있는 셈이다...

인연의 끈을 묶다

　인연은 필연일까? 우연일까? 우린 카투만두에서 다른 숙소에 머물렀지만 우연히 만났다. 내가 있는 곳의 전기가 나가는 바람에 잠시 불빛이 있는 옆의 숙소로 갔다가 만났다. 그리고 우리는 첫 만남인데도 5시간을 계속 이야기했다. 잠은 각자 따로 잤다. 그리고 다음날 난 포카라로 떠났고, 우리는 포카라에서 다시 만나기로 했다. 메일을 매개체로... 난 트레킹을 끝냈고, 우리는 서로의 숙소를 알리는 메일을 확인한 후 다시 만났다. 반가웠다.

　낮술이라는 한국식당에서 비빔밥을 먹은 후 우리는 다시 이야기하기 시작했다. 어림잡아서 9시쯤 시작해서 새벽 4시까지 계속 했던것 같았다. 서로가 혼자 여행하는 처지라서 그동안 말할 상대가 없어서 담아 두었던 이야기가 봇물 터지듯 술술 흘러 나왔던것 같았다. 우린 아침 일찍 식사를 했고, 난 그 곳을 떠나왔다. 한국에서도 우리 인연의 끈은 이어지고 있다. 인연은 우연 플러스 필연인 것 같이 느껴진다.....

사랑하는 사람과 결혼하기 전에 가고싶은 곳

　히말라야를 가는 이유를 나는 이제야 알았다!!! 누가 몇 개를 등좌했다는 등, 몇 미터를 등반했다는 소식은 매스컴을 통해서 간간히 들린다. 그 때마다 대단하다는 생각과 왜 그 위험한 곳을 가는지 이해가 안될 때도 있었다. 그 곳을 내가 다녀왔다.

시작은 네팔(Kathumandu)이었다. 포카라 (Pokhara)는 거점도시... Nayapul에서부터 트레킹은 시작된다, Tikehunga-Gorepani-Poonhill- Tadupani-Gandurk-Nayapul-Pokhara 이렇게 복잡한 여정을 보내야 한다. 이건 극히 짧은 일정이고 길게는 10일 에서부터 최대 20일까지 다양한 코스가 산악인을 기다리고 있다. 처음부터 무리하게 했던 사람들은 중간에 포기하고 하산하는 사람도 있다. 그래서 난 짧은 코스를 선택했던 것 이다.

이번 코스의 하이라이트는 당연, Poonhill(3210m)에서의 일출이다. 중간 에 만난 한국분들과 함께 일출을 바라보면서 많은 생각을 하게 했던 그 순간 은 평생 잊지 못할 순간이 아닌가 싶다... 난 다음에 또 올것이다.

사랑하는 사람과 결혼하기 전에.. 20일 코스를 잡아서... 그 분들도 또 오고 싶다고 했다... 우린 한국에서 소주와 삼겹살로 뒷풀이를 했다. 나도 초대를 해주었다....

가슴뭉클한 한국행 비행기표

한국행 대한항공 보딩패스를 받고, 코끝이 찡하더니 눈물이 핑돌았다. 이 유는 나도 모른다... 난 이번 세계일주를 하면서 비행기를 26번 탔다. 한국으 로 돌아가는 이번 비행이 27번째가 되는 셈이다.

3개월이란 시간이 길다면 길고 짧다면 짧다고 하겠지만 그 동안에 겪었던

294 너, 어디까지 가봤니? 넌,

일들을 생각하면 3년 같은 시간이 흐른것 같다. 떠날 때의 초조함과 불안함, 설레임은 돌아올 때의 기쁨과 해냈다는 뿌듯함으로 내 마음은 꽉찼다.

어부의 고기잡이 배가 힘든 작업 끝에 만선으로 돌아가듯, 망망대해에서 방향을 찾아서 서서히 항구에 닻을 놓듯, 나 또한 험난하고 치열한 세상과 맞서서 싸우고 돌아왔다. 아니, 성공적으로 해냈다.

내 자신한테 칭찬을 해주고 싶다.

장하다! Happy! 멋있다! Happy! 사랑한다 해피야...

Boracay
Tagaytay
Highlands
Sebu
Bohol
Guam
Green Hills

Part 11
필리핀

나의 친구, 나의 멘토

나에게는 2명의 멘토친구가 있다. 한 명은 먼저 소개한 Rose, 그리고 이번에 소개할 Lolit이다. 우연한 만남 아니, 필연을 가장한 운명적인 만남이라고 해야할 것 같은 우리사이...

4년전 필리핀 어학연수를 마치고 한국으로 돌아왔을때, 이름 모를 메일 한통이 날아왔다. 나를 가르친 선생님의 친구라고 소개하면서 친구로서 알고 싶다고 내가 궁금하다는 내용이었다. 나는 기꺼이 반갑게 "오케이" 답장 메일을 보냈다. 그 이후로 사진과 안부메일로 우리의 사이는 두터워졌고, Lolit은 한국을 방문하게 되었다. 그 동안 메일로 친숙해진 덕분에 첫 만남은 다행히 어색하지 않았고, 오히려 서로를 깊이있게 알게 된 계기가 되었다.

짧은 만남을 뒤로하고 Lolit은 떠났고, 그 후로도 가족과 함께 2번을 더 한국을 방문했다. 한 번은 내 생일 파티를 해주러 일부러 왔었고, 또 한 번은 겨울에 눈을 보고 싶다고 왔었다. 하지만 미안하게 난 한 번도 Lolit을 보러 가지 못했다. 그런 나에게 마일리지를 선물로 주면서 꼭 필리핀에서 봤으면 좋겠다는 메시지를 남겼다. 난 그 약속을 지키고 싶었고, Lolit이 사는 모습을 보고도 싶었다.

만남... "우리 만남은 우연이 아니야, 그것은 우리의 바램이었어..." 이 유행가 가사를 Lolit이 이해 한다면 얼마나 좋을까? 난 지금 Lolit과 같은 하늘 아래 있고, 같은 공간에서 숨을 쉬고 있다. 필리핀에서...

조카와의 첫 나들이

야호!!! 조카의 비명소리다.

어렸을 때부터 해외여행을 약속했던 조카를 위해서 계획을 세웠다. 대학생이 돼서야 시간을 맞출 수 있었고, 마침 Lolit과 안면이 있어서 기회가 좋았다. 여권 만드는 것부터 준비물, 해외여행 할 때의 주의사항 등등.. 여러가지를 챙겼다. 혼자보다는 가족이어서 그런지 조카와의 여행은 즐겁고 행복했다. 더구나 Lolit의 조카 사랑은 정말 애틋해서 감사할 따름이다.

영어 닉네임이 없었던 조카를 위해서 만들어 준 이름에서도 느낄수 있다. 바로 Honey다. 이것도 맛보여 주고 싶고, 저것도 구경시켜 주고 싶고, 여기저기 경험을 시켜주고 싶은 마음에서 우리는 Lolit가족과 함께 바쁜 스케줄로 시간을 보냈다.

조카는 처음인데도 불구하고 신기해하고, 적응을 잘하는 듯 해서 다행이었다. 가족이라는 이름으로 같은 공간에서 추억을 만든다는 건 같은 감동을 갖고 있다는 의미와도 같았다. 우리는 서로 예전과는 다르게 많은 대화로 공감대를 형성 할 수 있었다. 여행이란 사람과 사람의 마음을 이어주는 가교 역할을 하기도 한다. 그래서 난 여행을 내 삶의 일부분으로 자리매김하고 있는지도 모른다.

이번 조카와의 여행을 통해서도 알 수 있듯이... 조카는 2주의 짧고도 긴시간을 보내고 한국으로 먼저 돌아갔고, 돌아가는 날 공항에서 우리 셋은 뜨거운 포옹과 눈물을 흘렸다. 우리는 아직도 추억을 얘기하곤 한다. 자주...

Happy와 Honey는 Lolit을 Love해요.^^

300 너, 어디까지 가봤니? 낙,

방송국에서 인터뷰를 당하다

ABS-CBN을 가다!! 필리핀의 민영 방송국으로 잘 알려져 있는 이 곳을 친구의 도움으로 견학하게 되었다. 생방송이라고 해서 잔뜩 긴장을 했는데, 쇼 프로그램인데다가 분위기는 젊은 사람들로 열기가 가득했다.

조카와 나 그리고 Lolit은 한쪽에 자리를 잡고 춤 동작을 따라하면서 리허설부터 참여했다. Five, Four, Three, Two, One, Start... 〈Showtime〉이라는 프로인데, 무명인들이 댄스경연을 벌이면 방청객이 점수로 순위를 가린다.

자유롭게 열정을 뿜어내는 방청객들과 게스트들, 그리고 스텝들이 한마음이 돼서 순조롭게 진행이 되었다. 새로운 경험을 하느라 정신 없을 때, 갑자기 메인카메라가 우리를 비추더니 조카한테 마이크를 들이대는 게 아닌가? 간단한 인터뷰와 우스꽝스런 표정연기를 하라는 유명 연예인의 지시에 따라서 조카는 시범을 보였고, 우리는 뒤늦게 사진 몇 컷으로 기록을 남길 수 있었다.

방송국에서 생방송 중에 마이크를 여러분한테 느닷없이 들이댄다면 어떨까? 생각만해도 아찔하지 않은 일인가! 우리를 흥분의 도가니로 빠지게 한 그 시간이 쏜살같이 지나가고서야 방송출연을 했다는 생각에 그때부터 가슴은 쿵쾅거리기 시작했다. 진행하는 도중에 Lolit한테 방송을 봤다는 메시지가 오는게 아닌가... 방송의 힘이 대단하다는걸 필리핀에 와서야 느낄 수 있었다. 우리는 또 하나의 행복한 추억을 만든 셈이다. 그것도 필리핀 방송국에서...

시계와 핸드폰

시계와 핸드폰을 볼 때마다 Lolit을 생각하게 된다... 한국에서 아이폰을 쓰고 있었지만, 여느 때와 마찬가지로 난 가져가지 않기로 했다. 필리핀에서 싼 중고 핸드폰을 만들 생각에서였다. 그런데 Lolit은 자신의 핸드폰을 빌려줬고, 빌려준 핸드폰이 상태가 안좋아지자 새것으로 구입해서 교체해 주었다.

Lolit과 유일한 연결고리가 핸드폰이었고, 필리핀 생활의 끈을 이어주는 통신수단이기도 하기 때문에 필요했다. 그러나 난 항상 장기 여행을 할때면 핸드폰을 일시정지 시켜놓고 갔었다.

302 너, 어디까지 가봤니? 넌,

여행에 방해 받고 싶지 않았고, 관리소
홀로 분실될 우려도 있기 때문이었다. 그
뿐인가? 시계는 필수품으로 항상 챙겼었
는데, 이번에는 깜빡해서 그냥 왔더니 불
편하길래, 혹시 남는 손목시계가 있냐고
물었더니, 없다고 해서 핸드폰으로 대신
할려고 생각했었는데, 시계를 선물로 주
는 게 아닌가?

나도 시계를 살 생각을 못하고 있었는
데, Lolit은 내가 말하는 하나하나 놓치지
않고 기억을 하고 있었다. 나를 감동시키
기엔 이건 시작에 불과한 것이다. 흐르는 시간을 볼때, Lolit한테 문자나 전
화가 올때면 항상 생각나게 하는 물건들이지만, 내 옆에서 나를 지켜주고 있
는 듯 책상 위에서 나를 바라보고 있다. 오늘도 변함없이...

카레파티

오늘은 카레 먹는날!!!

카레는 암 예방에도 좋고 특이한 향신료의 맛 때문에 좋아하는 사람들이
많을 것이다. 우리 집도 카레를 무척 좋아해서 자주 해먹는 편이었다. Lolit
이 처음 한국을 왔을때 무엇을 좋아하는지, 어떤 음식을 해야할지 도통 알

수가 없었다. 잡채와 김밥, 한국라면, 된장찌개, 생선구이, 김, 김치 등등 입맛에 맞을 것 같고 한국에서만 먹을 수 있는 음식 위주로 식단을 정해 보았다. 어머니께서는 더욱 고민을 하시다가 카레를 생각해 내시더니 최대한 맵지 않게 한국스타일로 만드셨다.

　반응은 예상외로 대성공이었다. 다른 음식들도 잘 먹었지만 특히 카레를 좋아하게 되었다고 했다. 그리고 혹시나 하고 건네본 김도 너무 좋아했다. 어머니께서도 흐뭇해 하시는 걸 보고있자니 언어로 통하지 못했던 감정을 음식으로 소통할 수 있어서 다행이라고 생각되었다. 그 후로 2번의 방문이 더 있었고, 남편과 아이들도 함께였는데 그때도 카레는 어김없이 입맛을 사로 잡았다. 이번 필리핀 방문때 난 카레를 직접 만들어 주고 싶었다. 카레는 한국에서 사고, 재료는 필리핀 마

트에서 장만했다. 그 동안 얼마나 카레가 그리웠을까... 가족들은 내심 카레를 기대하는 눈치였다. Lolit의 남편은 옆에서 순서를 익히느라 분주했고, 난 최대한 실력발휘를 했다. 내가 만들어서가 아니라 정말 맛있었다. 그 날은 카레 하나로 파티를 했다. 여행은 어디를 가느냐도 중요하지만 누구와 가느냐도 더 중요하듯이 음식도 무엇을 먹느냐도 중요하지만 누구와 먹느냐도 더욱더 중요하다는 걸 그때 알았다. 카레야! 땡큐...

304 너, 어디까지 가봤니? 넌,

세탁기를 사다

필리핀은 더운나라다. 에어컨이나 선풍기 없이는 더위를 해결하기가 힘들 정도다. 쇼핑몰이나 관공서 어디를 가도 에어컨은 추울 정도로 강하다. 그래서 사람들로 항상 북적거린다. 에어컨은 더운 나라에서는 가전제품으로써는 목록 1호인 것 같다.

Lolit의 집에 있는 에어컨은 13년 되었다고 바꾸고 싶다고 했다. 난 큰맘 먹고 사기로 했다. 그런데 세탁기를 보니 마음에 걸렸다. 수동 세탁기인데다가 보기에도 오래된 것처럼 보였다. 나와 조카의 빨래를 남편과 같이 손으로 직접 빠는 모습이 안쓰러웠다. 내가 빨래를 한다고 하면 당연히 허락하지 않았다. 일 주일에 한 번 빨래 해주는 사람이 오긴 한다고 하지만 그래도 왠지 세탁기에 눈이 돌아갔다. 고민 끝에 조카와 난

에어컨보다는 세탁기를 사기로 결정하게 되었다. 가격과 브랜드를 비교하고 최종적으로 물건을 고른 뒤 친구한테 통보를 하니 당연히 괜찮다고 했지만, 난 내 결정에 따라 달라고 말했고, 친구는 받아들였다.

그 뒤로 친구는 에어컨을 바꿨고, 우리는 흐뭇한 표정으로 서로를 바라봤다. 새로 산 세탁기를 보니 뿌듯했다. 새 것은 언제나 새로운 마음을 갖게 만드는 것 같다.

보라카이에서의 추억을 떠올리며

같은 장소에서 다른 추억을 만들다...

첫 번째 추억, 4년전 Rose와 함께 보라카이를 갔었다. 계획을 했던 건 아니고 우연히 여행사 앞을 지나가다가 보라카이의 바닷가 사진이 멋있길래 지나가는 말로 가고 싶다고 했더니 흔쾌히 같이 가자고 해서 갔던 것이다. 모든 예약과 준비는 Rose가 했다. 필리핀의 바닷가는 색깔부터 달랐고, 하얀 모래는 밀가루와 비교해도 손색이 없을 만큼 고와서 하얀색과 에메랄드 빛 바다는 여기가 지상낙원인 듯 착각하고 싶을 정도였다. 밤에는 낮의 모습과는 달리 화려함으로 변해서 사람들을 들뜨게 했고, 호텔 뷔페에서 저녁을 먹으면서 듣던 노래는 우리의 추억의 팝송이 되었다.

"I will survive... I will survive.." 우리는 보라카이를 떠날 때까지 이 노래를 흥얼거렸다. 두 번째 추억, 이번엔 Lolit과 조카와 함께 보라카이를 갔었다. 이번엔 계획을 했었고, 모든 준비를 역시 Lolit이 했다. 하얀 모래와 푸른 바다는 그대로 였지만, 날씨가 그때는 건기여서 더 맑고 화창했고, 이번엔 우기여서 흐리고 비가 왔다. 우리는 바닷가를 거닐면서 그동안 못다한 애기를 했고, 수영을 하면서 바닷물에 빠지듯 서로에게 빠져들었다. 내가 목마르다고 했더니 어디론가 사라져서 나타나더니, 손에는 아이스커피와 얼음과 물을 가져온 Lolit. 두 친구 모두 보라카이는 처음이 아니었다. 분명 여러번 왔었다. 그런데 나 때문에 같이 동행한걸 보면 보라카이에서 나와 함께 추억을 만들고 싶어서 였을것이다. 나도 이 말을 꼭 남기고 싶다.

"I don't forget in my life."

필리핀에도 이런 곳이 있었네?? 따가이따이를 여러 번 갔어도 몰랐다. 하나의 타운을 형성하고 있듯 하늘 아래 제일 높은 곳에 위치한 거대한 리조트...들어보지 못한 곳이었고, 가기 전 까지만 해도 크게 대수롭지 않게 생각했었다. 그러나 나의 생각은 여지없이 빗나갔고, 상상 그 이상의 휴양지이면서 자연을 느낄 수 있는 곳이었다. 입구에서 부터 철저한 보안과 안전에 신경을 쓰는가 하면 서비스는 최상이었다.

시스템도 불편함 없이 편리함으로 모든 일처리를 해나가는 모습에서 필리핀 속의 작은 필리핀을 엿보는 듯 했다. 물론 맴버쉽으로 이용할 수 있었고, 금액 또한 비쌌지만 가치는 충분했다. 수영장, 케이블카, 트레인, 도서관, 레스토랑, 말타기, 동물원 등등 그리고 꽃과 나무의 조화로 산책로와 더불어 골프장까지... 주말을 확실하게 보낼 수 있고, 스트레스를 확실하게 날려 버릴 수 있고, 가족과 좋은 시간을 보낼 수 있고, 연인들은 잊지 못할 추억을 만들 수 있는 곳, 여기서는 이 모든 걸 다 해결할 수 있을 것 같다는 생각을 했다. 특별한 장소에서는 특별함이 있는 듯, 특별함을 기대하게 만들었다. 그렇다! 필리핀에도 이렇게 멋진 곳이 있었다. 필리핀에도...

Sebu and Bohol

세부와 보홀은 가까이 붙어있는 섬들이다. 예전부터 보홀은 꼭 가보고 싶었는데 이번에 기회가 돼서 Lolit친구들과 함께 갔다. 우선 선상에서 점심을 먹으면서 라이브 음악의 선율에 맞춰서 강을 끼고 한바퀴 돈다. 그리고 Chocolate Hills라고 하는 곳을 갔다. 지금은 우기라 Green Hills라 불리며, 건기 때에는 초콜릿 색깔을 볼 수 있다고 한다. 발길을 돌려서 세상에서 가장 작은, 보홀섬에서만 서식한다는 Tarsia Monkey(안경원숭이)로 유명한 곳에 갔다. 발가락 네 개로 나무에 붙어서 눈을 크게 뜨고 있는 모습이 너무 앙증맞아 보였다. 피곤한 몸을 이끌고 호텔로 갔다. 저녁인데도 조명의 불빛과 함께 환상적이었다. 다음날 비치로 연결된 호텔에서 여유로운 휴식을 즐겼다.

세부는 어떠한가?

섬 자체가 크기도 하지만 역사적인 곳이기도 해서 관광지로 유명하다. 드라이 망고와 건어물로 사람들의 발길을 끌어 들이기도 한다. 마닐라와 같은 분위기여서 시내관광은 그다지 매력은 없었다. 그런데 상그릴라 호텔은 단순히 호텔의 틀을 벗어나서 리조텔 분위기로 허니문 코스로 안성맞춤 일거란 생각을 했다. 가격은 현지인과 외국인이 거의 두 배의 차이가 났다. 세부와 보홀은 두 군데를 모두 가보는 게 좋다. 어디가 더 좋은가를 비교한다는건

개인차가 있기 때문에 맞지 않지만, 추천해주고 싶은 곳은 보홀이다. 여러분은 어디를 가고 싶으세요??

두 군데 다 가고 싶으시다고요? 아마 그렇게 되실겁니다!

괌(I love Guam)

Lolit이 괌으로 가자고 했을 때 확 끌리지는 않았다. 그동안 많은 바닷가와 휴양지를 다녔기 때문이다. 난 이제 색다른 여행을 원하고 있었다. 그러나 이번엔 달랐다. Lolit과 함께 단둘이 떠난 여행... 모든 준비는 Lolit이 했다.

떠나기 전 은근히 서로 설레고 기대하는 눈치였다. 우리는 새벽에 괌에 도착했음에도 불구하고, 일찍 체크인을 하고, 기념품점에서 직원가로 디스카운트를 받고, 호텔에서 불편함 없이 보낼 수 있었다. 그 이유는 근무하는 직원들의 80%이상이 거의 필리핀 사람들이었기 때문이었다.

난 역시 운이 좋은 사람인가 보다. 괌... 지난 과거의 역사가 말해주 듯... 일본의 어느 거리를 걷고 있는 착각을 할 정도로 관광객들로 넘쳐났고, 거리의 간판이며, 가이드 맵, 심지어는 서비스하는 사람들까지 일본어를 구사할 정도로 일본인을 위한, 일본인에 의한, 일본인 만의 관광지인 듯 보였다.

우리는 여행을 즐기기 이전에 함께한 시간을 행복해 했고, 둘 만의 추억을 만들었다. 짧은 시간이었지만 그래서 난 생각이 바뀌었다. 이제는 자신있게 말할 수있다. "I love Guam"이라고... 난 I love Guam이라는 로고가 새겨져 있는 티셔츠를 입을 때마다 그 때가 생각날 것이다. 물론 Lolit도 같은 티셔츠를 가지고 있다. 우리는 괌이라는 곳에서 새로운 우정을 확인했다.

I love Guam... and I love Lolit!!!

다시 찾은 필리핀에서

4년 만에 다시 필리핀에 갔다… 필리핀을 떠날 때까지만 해도 다시 올 것 같지는 않았다. 왜냐하면 새로운 곳을 가고 싶어하는 내 습성 때문이었다. 그런데 여러가지 계기로 필리핀을 다시 온것이다.

첫째는 Lolit을 보기 위해서였고, 두번째는 Rose를 만나기 위해서였고, 세 번째는 글을 쓰기 위해서였다. 조카와의 동행은 절묘한 타이밍이었다. Lolit은 세 번이나 한국에 왔었고, 가족들도 함께 온 적도 있다. 항상 우리집에서 머물렀고, 난 어느새 Lolit이 기다려지기도 했다. 그러는 동안 Lolit은 왜 필리핀을 한 번도 안오냐고 입버릇처럼 얘기하곤 했다.

Rose는 지금 아일랜드에 있다. 난 아일랜드를 두 번 갔었다. 이번에 Rose의 딸이 우리나라의 성인식처럼 크게 파티를 필리핀에서 한다고 했다. 날 초대하면서 그 자리에 있었으면… 내심 바라는 눈치였다.

난 여행을 좋아한다. 틈나는 대로 여행을 했다. 그리고 여행에 관한 이야기를 풀어 놓고 싶어서 책을 쓰기로 결심했다. 주위 사람들의 권유도 있었지만, 예전부터 생각은 하고 있었던 부분이었다. 조카는 어렸을 때부터 여행을 하고 싶어했고, 난 그 약속을 지금 지키게 되었다. 이런 이유라면 다시 찾을 만 하지 않은가? 처음 작업하는 글쓰기라 은근히 걱정도 되었고, 무엇보다 장소가 중요했다. 난 주변의 도움으로 처음에 내가 생활했던 지역(Green Hills)에서 자리를 잡게 되었다.

익숙한 곳이어서 마음이 편할 것 같았고, 잠깐 둘러보러 갔을때 홈스테이

310 너, 어디까지 가봤니? 넋,

맘의 인상은 이 곳을 결정하게 끔 포근하고 따뜻했다.

역시 나의 결정은 현명했고, 시작부터 순조롭게 글은 잘 써졌다. 두 아들, 그리고 홈스테이 맘의 배려와 도움으로 내 집처럼 편안하게 글을 마무리 할 수 있었다. 짧은 만남이지만 고마운 인연으로 간직하고 싶다.

소중한 친구가 있고, 소중한 인연이 있고, 소중한 만남이 있고, 소중한 추억이 있고, 소중한 기억이 있는 필리핀은 나에게 많은 것을 배우게 했고, 많은 것을 느끼게 했고, 많은 것을 가르쳐 주었고, 많은 감동을 주었다. 이런 필리핀을 언젠가는 다시 찾게 되겠지? 그때는 아무 이유 없어도 좋을 것 같다. 아니면 또 다른 이유로...

Lolit and Happy

우리는 가족들끼리도 의견이 가끔 안맞고 각자 가치관의 차이 때문에 멀어지는 경우를 종종 보게 된다. 가족, 친척이라는 이유로 혈연관계를 맺고 있지만, 화목함을 유지하기는 어렵다는 걸 잘 알고 있다.

우리는 어떠한가?? 서로 다른 국적과 언어 그리고 다른 생각과 문화를 가지고 있는 사람들끼리 만나서 인연의 끈을 이어갈수 있을까? 그리 쉽지만은 않을 것이다.

그러나 우리는 4년의 시간을 보냈고, 처음 본 느낌 그대로 한결같은 마음으로 서로를 아끼고 사랑하면서 가족이라는 이름으로 탄탄한 관계를 유지하고 있다. 이보다 더 끈끈할 수 있을까? 이보다 더 애틋할 수 있을까? 이보다 더 가족같을 수 있을까?

가슴에서 우러나오는 말, "엄마" "언니" "사랑해요" 난 이 말을 들을 때마다 가슴이 뭉클해진다. 내 가슴을 떨리게 만들어 주는 Lolit은 분명 남이 아닌 가족일 것이다. 이제 Lolit and Happy는 한 배를 탔고, 서로 아껴 주고, 서로 위로해 주고, 서로 안타까워해 주고, 서로 보듬어 주고, 서로 끝까지 사랑해 주면서 닻을 내릴 때까지 함께 할 것이다.

"Lolit, I love you forever!"